George Leonard

Der Pulsschlag des Universums

Schwingung und Rhythmus –
was die Welt im Innersten
zusam[illegible]

Ein O. W. Barth-Buch im
Scherz Verlag

1. Auflage der Sonderausgabe 1992
Einzig berechtigte Übersetzung aus dem Amerikanischen von Brigitte Stein. Titel des Originals: «The Silent Pulse». Schutzumschlaggestaltung: Graupner & Partner.

Inhaltsverzeichnis

Einleitung
Rhythmus und Harmonie

Die Samenzelle schwimmt mit rhythmischen Bewegungen auf das Ei zu und vereinigt sich mit ihm. DNS-Moleküle tanzen miteinander. Pulsierende Verdichtungen von Energiefeldern interagieren, vermehren und differenzieren sich. Ein einmaliges Muster entsteht, etwas Einzigartiges im Universum: ein neues Geschöpf.

Den ganzen Weg in Erinnerung behaltend, durchläuft dieses Geschöpf die verschiedenen Stadien der irdischen Evolution, begleitet vom mächtigen Trommelschlag des Mutterherzens. Es wird bis ins Mark erschüttert durch diesen Pulsschlag, der Zielrichtung, Ganzheit, Gleichklang verheißt. Geborgen in diesem Rhythmus, nimmt das eigene Herz des Geschöpfes Form an und antwortet mit seinem Pulsschlag.

So bald nach der Geburt wie möglich nimmt die Mutter den Säugling in ihre Arme und legt seinen Kopf an ihr Herz. Der Rhythmus ist immer noch da, ein verläßlicher Schlag, Orientierung im Strom des Wachstums und der Veränderung. Später werden andere Rhythmen, andere Beziehungen hinzukommen. Aber tief im Inneren bleibt etwas von dem Wissen um diese ersten Augenblicke, die Erinnerung an einen Rhythmus, der das Leben erhält und unserer gesamten Existenz zugrundeliegt.

Von jenem fundamentalen Rhythmus handelt dieses Buch. Wir beginnen, wie Pythagoras vor etwa zweieinhalbtausend Jahren, mit der Musik, die den Schlüssel zur Grundstruktur des Universums enthält. Davon ausgehend spüren wir den verborgenen Rhythmen menschlicher Beziehungen nach und dringen dann tief in den Körper ein, bis dorthin, wo dessen so substantiell erscheinende Bausteine sich schließlich in pulsierende Wellenmuster auflösen, und dessen Sinnesorgane uns auf wundervolle Weise mit den Rhythmen der Welt verbinden. Diese Perspektive führt uns zu den neuesten Forschungsergebnissen, aufgrund derer wir ein überraschendes Bild von der menschlichen Natur und den menschlichen Fähigkeiten zeichnen können: *In jedem von uns, so unvollkommen er auch sei, schlägt ein lautloser Puls von vollkommenem Rhythmus, ein Komplex von Wellenformen und Resonanzen, der absolut individuell und einzigartig ist und uns gleichzeitig mit dem ganzen Universum verbindet. Gelingt es uns, dieses Pulsschlages innezuwerden, dann kann sich unsere persönliche Erfahrung von Grund auf verändern und damit in gewisser Weise auch unsere Umwelt.*

Obwohl ich zu dieser Auffassung aufgrund wissenschaftlicher Theorien und Forschungsergebnisse, insbesondere bestimmter Implikationen der modernen Quantenphysik, gelangt bin, ist das vorliegende Buch keineswegs eine formale wissenschaftliche oder philosophische Abhandlung. Vielmehr ist es der Bericht über eine Suche, eine Entdeckungsreise, in den persönliche Erfahrungen, Geschichten über gewöhnliche und außergewöhnliche Menschen wie auch Forschungserkenntnisse eingeflossen sind.

Wenn die Ergebnisse dieser Suche überraschend oder gar phantastisch erscheinen, ist dies vielleicht unvermeidlich. Denn sobald man anfängt, die materielle Welt in Form rhythmischer Wellen zu sehen, erscheinen einem die eigenen Vorstellungen von dem, was »wirklich« und »wahr« ist, plötzlich weitaus ungewisser. An die Stelle dieser Sicherheit wird, wie ich hoffe, eine neue Bewußtheit des Reichtums und der endlosen Möglichkeiten unserer Existenz treten.

Dem Buch ist ein Anhang beigefügt, in dem eine Reihe von Übungen beschrieben werden. Basierend auf Workshops, die ich in den letzten Jahren für mehr als 20 000 Menschen gehalten habe, sollen Ihnen diese Übungen die Erfahrung dessen vermitteln, was ich als vollkommenen Rhythmus bezeichne. Der Hauptteil des Buches ist in sich geschlossen. Der Anhang ist für diejenigen gedacht, die einen Schritt weiter gehen wollen.

1
Vibrato

Der Mann, der nicht Musik hat in ihm selbst,
Den nicht die Eintracht süßer Töne rührt,
Taugt zu Verrat, zu Räuberei und Tücken;
Die Regung seines Sinns ist dumpf wie Nacht,
Sein Trachten düster wie der Erebus.
Trau keinem solchen . . .

Lorenzo in DER KAUFMANN VON VENEDIG

Es gibt menschliche Gemeinschaften, so schlicht und undifferenziert, daß sie keine andere Kleidung als den Lendenschurz, kein Werkzeug außer Stock oder Stein, keine dauerhafte Behausung, keine Schnitzerei oder andere plastische Kunst besitzen. Aber an keinem Ort dieser Erde findet man ein Volk ohne Musik und Tanz.

In Neuguinea entlockt der Stammeshäuptling einer Maultrommel hypnotische Obertöne, die aus einem lebendigen, summenden Käfer besteht. Eine halbe Welt davon entfernt weckt eine Schar von BaMbuti-Pygmäen den Dschungel mit frohem Singen und Händeklatschen. Hoch droben im Himalaja erfüllen Tempelmusiker die Täler mit dem furchterregenden Klageruf sieben Meter langer Hörner, während meditierende Priester mit einer einzigen Stimme gleichzeitig drei Töne hervorbringen, das Resultat lebenslangen Übens. In Trinidad und im Central Park von New York trommeln westindische Musiker auf den abgeschnittenen Deckeln gebrauchter Ölfässer Calypso-Rhythmen. Dieser globale Ohrenschmaus alter und neuer Klänge, die heute auf elektronischem Wege jedermann zugänglich gemacht werden, nimmt kein Ende.

Vor gar nicht so vielen Jahren saß ich in einer New Yorker Wohnung und telefonierte nacheinander mit Freunden in London und San Franzisko. Im Hintergrund hörte ich während beider Telefonate die neue Platte der Beatles, *Abbey Road* – die zur gleichen Zeit auch in meinem Nebenzimmer in New York lief. Einen Augenblick hatte ich das Gefühl, daß ich Leute auf jedem Kontinent anrufen könnte und immer dieselbe Musik hören würde. Eine Welt in Harmonie!

Aber ob wir nun dieselbe oder verschiedene Musik machen, im Dschungel oder im Konzertsaal, auf jeden Fall machen wir Musik. Wir machen Musik, weil wir Menschen sind. Angesichts von Pyramiden und Kathedralen, Fabriken und Wolkenkratzern, Städten und Weltreichen mag man der Ansicht zuneigen, daß »der Mensch ein geborener Baumeister« sei und fortfahren werde zu bauen, bis auf jeder Wiese Türme in den Himmel wachsen und jeder Fluß in einem Betonbett fließt. Diese Auffassung wird durch die anthropologischen Erkenntnisse nicht gestützt. In Wirklichkeit ist der Mensch ein geborener Sänger und Tänzer. Reiche und komplexe Kulturen existierten mindestens eineinhalb Millionen Jahre lang ohne Pyramiden und Kathedralen, und wir können uns vielleicht auch eine Zukunft ohne Wolkenkratzer vorstellen. Aber eine Menschheit ohne Musik ist nicht bloß unvorstellbar, sie ist unmöglich.

An der Wurzel jeglicher Kraft und Bewegung, im lodernden Zentrum der Existenz ist Musik und Rhythmus, das Spiel geordneter Frequenzen in der Matrix der Zeit. Vor mehr als 2500 Jahren sagte der Philosoph Pythagoras seinen Anhängern, ein Fels sei steingewordene Musik; eine intuitive Erkenntnis, die durch die moderne

Wissenschaft voll bestätigt wird. Wir wissen heute, daß jede Partikel im physischen Universum ihre Eigenschaften durch Frequenz, Muster und Obertöne ihrer speziellen Schwingungen, ihren »Gesang« erhält. Dasselbe gilt für alle Formen von Strahlung, alle starken und schwachen Naturkräfte und für alle Informationen. Bevor wir Musik machen, macht die Musik uns. Die wundervolle Gabe des Gehörs ist das Medium, durch das wir an unsere fernsten Ursprünge erinnert werden. Denn die Musik reflektiert in Klängen die Strukturen dieser Welt, sie macht uns die rhythmische Eigenschaft aller Dinge deutlich, von der wir sonst nur durch logische Ableitung oder Schlußfolgerung wissen könnten.

Es ist somit angebracht, diese Erkundung unseres Selbst und der Welt mit der Musik zu beginnen, genauer gesagt mit einer Besonderheit der Musik, die man als *Vibrato* bezeichnet. Dieses Pulsieren eines Tones kann uns den Weg zu den spontansten und kreativsten Aspekten des menschlichen Lebens und vielleicht sogar zu noch tieferen Mysterien weisen – zu Kräften des Wissens und Handelns, die wir mit fortschreitender Zivilisation verloren oder verschenkt haben und vielleicht jetzt wiedererlangen könnten.

Einer meiner Freunde hat eine wundervolle Stimme. Nachdem er in der Kindheit zum Pianisten ausgebildet worden war, wandte er sich von der Musik der Seelsorge und später dem Kampf um Bürgerrechte zu, bis er schließlich durch seinen Widerstand gegen die Staatsgewalt nationale Berühmtheit erlangte. Seine Anliegen und Aktivitäten sind mir sehr wichtig, aber wenn er mich besuchen kommt, steuere ich ihn so schnell ich kann an das Klavier. Dieser Mann mit dem markanten Kinn und dem mächtigen Brustkorb sitzt dann einen Augenblick da und lächelt das Klavier an wie einen langvermißten

Freund. Er schlägt einen oder zwei Akkorde an, beginnt dann eine Begleitung zu spielen und dazu leise, fast im Flüsterton, ein Lied von der Wolga zu singen. Sein schöner Bariton gewinnt an Fülle. Dann beginnt er mit einem unwiderstehlichen Rhythmus zu swingen, und plötzlich klatschen wir beide zu seinem Gesang in die Hände. Jetzt entfaltet seine Stimme ihre ganze Kraft, mit einem mächtigen Vibrato, das vom Fußboden heraufzukommen scheint. Kleine Objekte im Raum beginnen zu vibrieren – Kerzenständer, Gläser auf dem Kaffeetisch, eine Vase am Kaminsims. Ich habe das Gefühl, daß der Klang seiner Stimme buchstäblich den Raum *erfüllt*. Nichts ist leer und nichts fehlt mehr. Jeder Winkel, jede Ecke, jeder Spalt ist ausgefüllt. Tote Dinge beginnen zu leben – die Stühle, die Lampen, die Bilder an den Wänden. Die Töne, die aus seinem Mund dringen, scheinen von überall her zu kommen. »Innen« und »außen« verlieren ihre Bedeutung. Und ich bin von dieser Musik bis ins Mark durchdrungen.

Auch ohne ihr Vibrato wäre die Stimme meines Freundes immer noch ein erstaunliches Phänomen. Mit dem Vibrato ist sie für mich ein Ausdruck des *élan vital*, jener schwer faßbaren und doch allgegenwärtigen Kraft, welche die unbelebte Welt der Materie mit Leben und Zielrichtung erfüllt. *Webster's International* definiert Vibrato als »leichtes Zittern oder Pulsieren (aber kein Tremolo), das dem Ton Wärme und Schönheit verleiht oder Unterschiede in der emotionalen Intensität ausdrückt. Es wird durch geringfügige und schnelle Schwankungen der Tonhöhe hervorgerufen und kommt am wirksamsten bei relativ lang anhaltenden Tönen zur Geltung.«

Während Tremolo eine künstlich herbeigeführte Variation des Tones selbst ist, kommt das Vibrato aus dem *Inneren* des Tones und füllt ihn aus. Vibrato ist persönlich, spontan und kann eine zutiefst erotische Wirkung haben. Manchmal am Beginn des langsamen Satzes von Bachs *Viertem Brandenburgischen Konzert*, wenn die Instrumente der Holzbläser und Streicher zusammen zu beben und pulsieren beginnen, werfe ich einen Seitenblick auf die Leute um mich herum und empfinde eine Art von Verwunderung, daß ein derart intimer Klang mit solcher Selbstverständlichkeit öffentlich produziert wird.

Im Viktorianischen Zeitalter galt denn auch das Vibrato als wollüstig und sogar sündig, und die Sänger der damaligen Zeit gaben sich alle Mühe, die natürliche Tendenz zum Vibrato in ihrer Stimme zu unterdrücken. Der junge Musikkritiker George Bernard Shaw beklagte in einem seiner prüderen Augenblicke das spätviktorianische Comeback des Vibrato, das sich, wie er schrieb, »in Europa ausbreitet wie eine Grippeepidemie«.

Die »gefährlich sinnliche« Qualität des Vibrato ist vielleicht durch die Tatsache zu erklären, daß seine Frequenz, etwa sieben Schwingungen pro Sekunde*, genau den Thetawellen des Gehirns entspricht. Diese Gehirnwellen treten im Dämmerzustand zwischen Wachen und Schlafen auf, in welchem die übliche Zensur des bewußten Verstandes wegfällt. Lebhafte hypnagogische Bilder (vom griechischen *hypnos*, »Schlaf«, und *agogos*, »führend«) drängen sich spontan ins Bewußtsein, ohne daß man weiß, woher sie kommen. Der Wachträumer scheint tatsächlich Zugang zu allen Quellen der Erinnerung und Schöpferkraft zu haben, vielleicht auch zu einer Art von

* In den zwanziger und dreißiger Jahren hat Dr. Harold Seashore die Vibratofrequenz mehrerer berühmter Sänger gemessen. Bei Caruso hatte das Vibrato eine Frequenz von 7,1 Hertz, bei Galli-Curci 7,4 und bei Martinelli 6,8 Hertz. Die Schwingungsrate wechselt je nach den Erfordernissen der Situation. Beim Ansingen gegen ein volles Orchester beschleunigt sie sich, in lyrischen Augenblicken wird sie langsamer.

kollektivem Bewußtsein. Elmer und Alyce Green von der Menninger Foundation haben über eine Reihe von außerordentlichen psychischen Erlebnissen im Thetazustand berichtet. Sie weisen auch auf die klassischen Beispiele schöpferischer Künstler und Wissenschaftler hin, die durch diese Art von Bildern inspiriert wurden – William Blake, John Milton, Samuel Coleridge, Robert Louis Stevenson, Jean Cocteau –, und auf Poincarés bekannte Schilderung einer Vision, die er im Bett vor dem Einschlafen hatte: Mathematische Formeln tanzten vor seinen Augen in den Wolken, stießen zusammen und verschmolzen zu dem ersten Satz der Fuchsschen Funktionen, der Lösung eines Problems, mit dem er lange gerungen hatte.*

Ein mächtiges musikalisches Vibrato könnte eine Resonanz im Rhythmus unserer eigenen Gehirnwellen bewirken und so einen traumartigen Zustand hervorrufen, in dem Geheimnisse offenbar werden. Wenn ich Musik höre, insbesondere die langsamen, getragenen Passagen, welche die volle Entfaltung des Vibrato gestatten, fühle ich mich manchmal »in einen Bann gezogen«. Könnte es sein, daß der »Zauber« der Musik eine rhythmische, physiologische Basis hat?** Wie dem auch sei, das Vibrato repräsentiert das Spontane und das Emotionale und nicht das Rigide und das Rationale – eine Gefahr für jedes repressive Zeitalter, eine Quelle der Freude und ein Leitstern für alles Schöpferische.

* Elmer und Alyce Green, *Beyond Biofeedback,* New York 1977, S. 125.

** Eine Forschungsarbeit der letzten Jahre hat gezeigt, daß eine von dem Herz-Aorta-System hervorgebrachte stehende Welle eine schwache Schwingung von sieben Hertz im menschlichen Skelett hervorruft. Siehe: Itzhak Bentov, »Micromotion of the Body as a Factor in the Development of the Nervous System«, in: Lee Sannella. M. D., *Kundalini – Psychosis or Transcendence?,* San Franzisko 1976, S. 71–95.

Hören wir ein Orchester, dann meinen wir, daß es die Trommeln und die anderen Schlaginstrumente sind, die den Rhythmus liefern. In Wirklichkeit ist jeder Ton, der aus den Instrumenten dringt, Rhythmus. Wir können die einzelnen Schläge der Trommel unterscheiden, aber wenn diese Schläge immer rascher aufeinanderfolgten, dann verschmölzen sie schließlich zu etwas, das wir als einen musikalischen Ton wahrnehmen würden. Die langsamste Schwingungszahl, die wir als »musikalischen Ton« erkennen, könnte der tiefste Ton auf dem Klavier sein, der mit 27,5 Perioden pro Sekunde (= 27 Hertz) pulsiert. Der höchste Ton des Klaviers schwingt 4681mal pro Sekunde. Die Frequenzbreite des menschlichen Gehörs ist noch größer – normalerweise reicht sie von 20 bis 20 000 Hertz. Wie Hundeführer wissen, können manche Tiere noch höhere Töne wahrnehmen.

Singt mein Freund in einem seiner russischen Lieder ein hohes E, dann vibrieren seine Stimmbänder etwa 659-mal pro Sekunde. Aber dies, die Grundfrequenz des Tones, macht nur einen Teil dessen aus, was wir Musik nennen. Wie alle Musikinstrumente erzeugt auch die menschliche Stimme Obertöne, Schwingungen einer höheren Frequenz, welche die Klangfarbe des Tones ausmachen, die uns so gefällt. In der Tat ist es so, daß das Hervorrufen eines einzigen Tones auf einem einzigen Instrument, sagen wir einer Violine, eine überaus komplexe Angelegenheit ist, wie Guy Murchie in seinem enzyklopädischen Werk *Music of the Spheres* erklärt:

> Sowohl Lautstärke als auch Höhe des Tones stehen in einer Wechselbeziehung mit dem Timbre oder der Tonqualität, die gewissermaßen die Summe aller Details ist, durch die sich die Schwingungsenergie ausbreitet – wie beispielsweise die Haft-Gleit-Haft-Gleit-Rei-

bungswellen des Geigenbogens auf einer Saite, welche den Grundton (den das geharzte Pferdehaar auf dem Schafdarm erzeugt) mit seinen Obertönen verschmilzt, über den Eichensteg hinunter zum Stimmstock aus Fichtenholz, dem sogenannten Seelchen, fließen, sich ungestüm im Resonanzkasten ausbreiten, dann durch die Zellen des Klangkörpers aus Platane, Buche oder Kiefer mit seinen fein abgestimmten Konturen, geschwungenen f-Löchern und unsichtbaren Schwingungsknoten mit einer Geschwindigkeit von über 300 m/sek in alle Richtungen nach außen dringen, wo sie aufs neue von den Wänden des Saales widerhallen oder von der natürlichen Resonanz benachbarter Bäume und Gebäude reflektiert werden. Die Klänge, die man hört, sind somit buchstäblich das lebendige Kompendium von hundert Faktoren, von der Hand des Musikers bis zur Akustik des Balkons – einschließlich der Spannungen im Ohr und im Gehirn des Zuhörers ... was sie zum Ausdruck bringen, ist so etwas wie ein harmonischer Aspekt der gesamten Umwelt.*

Verbindet sich der einzelne Ton einer einzelnen Violine mit den Tönen anderer Violinen und weiterer Instrumente und Stimmen und beginnen sich all diese Klänge in der Zeit zu verändern, um Melodien und Kontrapunkte zu erschaffen, dann ist das Resultat ein höchst differenziertes, komplexes Geflecht von Rhythmen, das sich der Auflösung in die Beziehungen der einzelnen Bestandteile entzieht. Die Komplexität findet lediglich ästhetisch Auflösung, als ein Ganzes. Die »Auflösung« ist ein einziges, intensives, ungeteiltes Gefühl.

* Guy Murchie, *Music of the Spheres*, Cambridge, Mass., 1962, S. 398–99.

Die Art und Weise, wie Musik entsteht, ist, wie wir in diesem Buch sehen werden, auch die Art und Weise der Entstehung der Welt der Objekte und Ereignisse, denn alles besteht aus Schwingungen. Wenn Sie beispielsweise den gelben Flügel eines Schmetterlings nur eine Sekunde lang betrachten, vibrieren die Moleküle der Farbrezeptoren in der Retina Ihres Auges etwa 500 billionenmal – mehr Wellen in einer Sekunde als alle Meereswellen, die in den vergangenen zehn Millionen Jahren an die Küsten dieses Planeten geschlagen sind. Handelte es sich um einen blauen oder violetten Schmetterling, dann würde sich die Zahl der Wellen noch erhöhen, da die Lichtwellen dieser Farben eine noch höhere Frequenz haben. Wären es Röntgenstrahlen statt Licht, dann würde sich die Schwingungszahl um das Tausendfache beschleunigen, im Falle von Gamma-Strahlen um das Millionenfache. (Die Schwingungsraten der subatomaren Partikeln, aus denen die gewöhnliche Materie besteht, sind noch wesentlich höher, während die Wellen im Inneren des Atomkerns in einem so rasenden Tempo vibrieren, daß es unser Vorstellungsvermögen nun vollends übersteigt.)

Die Schwingungsraten aller Strahlungsenergien – einschließlich Radiowellen, Wärme, Licht, Röntgenstrahlen usw. – können der Reihe nach angeordnet werden. Das resultierende elektromagnetische Spektrum umfaßt mehr als 70 Oktaven, wobei das sichtbare Licht nur eine dieser Oktaven bildet. Wie in der Musik haben alle »Töne« in diesem Spektrum ihre eigenen harmonischen Obertöne, und es gibt bestimmte Ähnlichkeiten, die in Oktavintervallen auftreten. Viele der fundamentalsten Entdeckungen der Wissenschaft haben lediglich die musikalische Grundstruktur der Welt bestätigt. Die Periodentafel der Elemente, auf der alle chemischen Elemente in der Reihenfolge ihres Atomgewichts angeführt sind, zerfällt beispielsweise in sieben Oktaven, wobei gewisse Eigenschaften wie bei den musikalischen Oktaven immer wiederkehren. Es ist kein Wunder, daß so viele Wissenschaftler und Mathematiker auch Musiker sind.

Wenn Pythagoras heute lebte, wäre er sicher erfreut, aber nicht überrascht darüber, daß es dank unserer strengen wissenschaftlichen Methoden gelungen ist, eine musikalische, mystische innere Ordnung der Natur zu enthüllen, die so schön ist, wie sie wohl nur Pythagoräer haben vorwegnehmen können. Und Johannes Kepler, der Astronom des 17. Jahrhunderts, der die Gesetze der Planetenbewegungen erarbeitete, würde mit einer gewissen Befriedigung ein Experiment zur Kenntnis nehmen, das kürzlich von zwei Professoren der Universität Yale durchgeführt wurde.

Kepler glaubte, daß jeder der Planeten belebt und von seinem eigenen Schutzengel bewohnt sei, der allein seine Musik hören könne. Er ging so weit, den »Gesang« jedes Planeten anhand seiner Umlaufbahn um die Sonne zu errechnen. Willie Ruff, Assistenzprofessor für Musik, und John Rodgers, Professor der Geologie, nahmen Keplers Gesetze und musikalische Notationen und wandten sie auf die Bewegungen der Planeten an, die sie, beginnend mit dem 31. Dezember 1976, auf die nächsten hundert Jahre projizierten. Diese Informationen speisten sie in einen Computer ein, an den ein Musiksynthesizer angeschlossen war. Das Ergebnis war ein halbstündiges Tonband, das die Planetenbewegungen von hundert Jahren repräsentiert.

»Ich wollte dahinterkommen, ob Kepler wirklich so ein Spinner war, wie man ihm nachsagte«, erklärte Professor Ruff, »oder ob er auf der richtigen Spur war. Ich wollte wissen: ›Wird wirklich etwas dabei herauskommen?

Wird es das sein, was Kepler versprochen hat?‹ – nämlich ein fortlaufender Gesang für mehrere Stimmen.«

Was bei dem Versuch herauskam, war ein spektakuläres, wenn auch etwas schwindelerregendes Musikstück, bei dem Merkur, der am schnellsten kreisende Planet, die schrille auf- und absteigende Tonleiter einer Piccoloflöte von sich gibt, während Jupiter, der langsamste, ein tiefes mächtiges Grollen vernehmen läßt.

»Venus wechselt von einer Dur- zu einer Moll-Sext und die Erde erzeugt eine wundervolle Moll-Sekunde«, erklärte Professor Rodgers. »Es ist genau so, wie Kepler sagte.«

Rhythmus, Resonanz und Harmonie sind die Gesetze des Himmels. Und die Klänge, in denen sich die Musik ausdrückt, haben einen besonders bedeutsamen Stellenwert in unserem irdischen Leben, die Eigenschaft der Allgegenwart, des Hier-und-Jetzt. Zwar verdanken wir dem Sehvermögen die meisten unserer spezifischen Informationen, aber es ist das Gehör, welches uns am intimsten mit der Matrix unserer Existenz verbindet. In Hinblick auf die Lernfähigkeit erweisen sich Schädigungen des Gehörs fast immer als störender denn Beeinträchtigungen des Sehvermögens. Musik und Tanz, die Verschmelzung rhythmischer Klänge mit der Bewegung, beflügeln alle Lernvorgänge, und es ist tragisch, daß diese Fächer an unseren Schulen eine so untergeordnete Rolle spielen.

Damit soll nicht gesagt werden, daß jedes Kind zu einem hervorragenden Musiker ausgebildet werden könnte. Musikalische Fähigkeiten können gefördert und das Verständnis für Musik kann gelernt werden, aber der musikalische Genius ist eine Gabe des Himmels. In großen Intervallen wird ein Mozart geboren, um uns die Verbindung vor Augen zu führen, die zwischen dem individuellen Bewußtsein und der Form des kosmischen

Ganzen möglich ist, eine Verbindung, die eines der Hauptthemen dieses Buches sein wird. Das Reich der Musik ist im Grunde amoralisch; Männer und Frauen, die über keine moralischen Empfindungen verfügen, können überaus musikalisch sein. Das absolute Fehlen jeglichen Gefühls für Musik scheint jedoch darauf hinzudeuten, daß etwas nicht in Ordnung ist, denn ganz und gar ohne Musik zu sein, in der Tat ein seltenes Leiden, heißt, mit der Welt nicht in Einklang zu stehen.

So wie uns die Musik an den Wesenskern unserer Existenz erinnert, so erinnert uns das Vibrato, welches in der Musik erklingt, an die spontanen Kräfte, die unserer Existenz innewohnen. Die bebende Hand des Streichers, die vibrierenden Lippen und Kehlen der Bläser und Sänger sind Ausdruck dieser Kräfte. Vor einiger Zeit las ich einen Zeitungsbericht über eine Gruppe von Gettokindern, die zum ersten Mal ein Symphoniekonzert besucht hatten. Ein elfjähriger Junge, der nach dem Konzert befragt wurde, meinte, die Musiker hätten Angst gehabt. Er wisse das, weil er gesehen habe, wie ihre Hände zitterten. Die anderen Kinder stimmten ihm zu: »Die hatten ganz bestimmt Angst.«

Und wer könnte behaupten, daß diese erstmaligen Konzertbesucher unrecht hatten? Von der Schönheit und Kraft der Musik gebannt, müssen sowohl die Zuhörer als auch die Musiker zumindest eine Regung von Ehrfurcht, wenn nicht von Schrecken verspüren. In Rilkes Worten:

Denn das Schöne ist nichts als des Schrecklichen Anfang, den wir noch grade ertragen, und wir bewundern es so, weil es gelassen verschmäht, uns zu zerstören.

Die besondere Anordnung von Klängen, die wir Musik nennen, hat schließlich mit Beziehung als solcher zu tun, mit den Ähnlichkeiten und Unterschieden zwischen den Dingen, mit ihrem Wachstum und ihrem Verfall und der Entstehung neuer Formen aus Werden und Vergehen. Die Tiefenstruktur der Musik ist identisch mit der Tiefenstruktur aller anderen Dinge. Wenn man der Musik von außen Ornamente aufsetzt, so wird das billig und falsch klingen. Bei guter Musik bringt die Tiefenstruktur die Ornamentik hervor – Triller, Verzierungen, sogar Vibrato. Das Vibrato kommt nicht von der Oberfläche, sondern aus der Tiefe. Das Vibrato ist unumgänglich, ganz einfach, weil im Grunde die ganze Welt vibriert.

Erforschen wir daher die Existenz, wie sie ist, als Musik und Rhythmus, und folgen wir dem Pulsschlag des Lebens, wo immer er uns hinführt. Diese Reise beginnt in dem vertrauten Bezirk menschlicher Beziehungen, sie führt uns dann durch die Tiefen des Körpers, wo nichts ganz so ist, wie es zunächst erschien. Später mögen wir auf verbotenes Terrain geraten und merkwürdige Ausblicke erleben, die mancher konventionellen Ansicht von der Realität widersprechen. Ich versichere Ihnen, daß ich nicht den Wunsch habe, zu schockieren oder vor den Kopf zu stoßen. Im Gegenteil, ich bin mir nur zu deutlich der Mahnung Platos bewußt: »Das Beste, was man hoffen kann zu vollbringen, ist, den anderen an das zu erinnern, was er bereits weiß.« Ich hoffe demnach nicht so sehr auf eine Reise der Entdeckung, als auf eine der Erinnerung.

2
Die Rhythmik von Beziehungen

Im Jahre 1665 fiel dem holländischen Wissenschaftler Christiaan Huygens auf, daß zwei Pendeluhren, die man nebeneinander an eine Wand hängt, in genau demselben Rhythmus schlagen. Sie behalten diesen gleichen Pendelschlag bei, weit über das Maß hinaus, mit dem sich zwei Uhren mechanisch einander angleichen lassen. Es ist, als ob sie im selben Rhythmus schlagen »wollten«. Huygens nahm an, daß eine Art von »Sympathie« zwischen den beiden Uhren bestehe, und führte Experimente durch, um herauszufinden, worauf diese Wechselwirkung im einzelnen basierte – ob sie durch die Luft oder durch die Wand, an der sie hingen, miteinander verbunden seien.

Er stellte fest, daß die Uhren durch einen schwachen, von der Wand übertragenen Impuls miteinander synchronisiert wurden. Seine Untersuchungen lieferten die erste Erklärung für etwas, das die Wissenschaftler später als »gegenseitige Phasenverriegelung zweier Oszillatoren«, oder einfach mit dem englischen Ausdruck »entrainment«* bezeichnen sollten.

Dieses Phänomen ist, wie sich herausstellte, universell gültig. Wenn zwei oder mehr Oszillatoren im selben Feld *fast* im gleichen Rhythmus pulsieren, neigen sie dazu, »einzurasten«, so daß sie schließlich *genau* synchron schwingen.

* »Entrainment«, wörtlich »Mitreißen«, »Mitführung«. Das Wort wird im folgenden mit »Resonanz« übersetzt.

Der Grund dafür ist, einfach ausgedrückt, daß die Natur stets den effizientesten Energiezustand sucht, und es geringerer Energie bedarf, im Gleichklang zu schwingen als in Disharmonie. Resonanz ist ein so allgegenwärtiges Phänomen, daß wir es ebenso wie die Luft, die wir atmen, kaum bemerken. Doch es zeugt auf verblüffende Weise von der Tendenz zur vollkommenen Harmonisierung des Rhythmus, der wir jedesmal begegnen, wenn wir zu den Wurzeln unserer Existenz vordringen.

Was es mit der Resonanz auf sich hat, das erfahren wir zum Beispiel, wenn wir mit den mit »Vertikal« und »Horizontal« bezeichneten Knöpfen eines alten Fernsehgerätes spielen. Jedes Gerät enthält Oszillatoren zur periodischen Horizontal- und Vertikalablenkung des Elektronenstrahls, der das Fernsehbild erzeugt. Diese Oszillatoren müssen mit dem Signal des Senders sehr genau im Gleichklang schwingen, sonst verschiebt sich das Bild seitwärts oder »läuft« vertikal. Indem man an diesen beiden Knöpfen dreht, stellt man die Frequenz der Oszillatoren des Geräts auf die Frequenz der Oszillatoren des Senders ein. Zum Glück muß man dabei keine vollkommene Abstimmung erzielen. Wenn sich die Frequenzen nämlich einander annähern, dann gleicht sich die Frequenz der Oszillatoren des Geräts mit einem plötzlichen Sprung der des Senders an, so als »wollten« sie im gleichen Takt pulsieren.

Vielleicht bemerken Sie das Gefühl der Befriedigung und »Richtigkeit«, das sich einstellt, wenn das Bild ordentlich in seinen Rahmen einrastet. Was ist aber, wenn das Gerät schadhaft ist und das Bild nicht stehenbleibt? Vermutlich stellt sich ein Gefühl der Frustration, ja sogar der Wut ein, insbesondere wenn der Mechanismus nur leicht von der Idealposition abweicht. Sie adjustieren den vertikalen Bildfang. Das Bild scheint vollkommen in

Ordnung. Sie setzen sich hin, um Ihre Lieblingssendung zu sehen, und gerade als Sie sich wohlzufühlen beginnen, rutscht das Bild aus dem Rahmen ... Nichts erscheint perverser oder macht einen wütender als ein kleiner Mangel.

Die Fernsehingenieure haben intensiv an der Lösung dieses Problems gearbeitet, und die neueren Geräte sind denn auch mit wirksamen automatischen Bildfangmechanismen ausgestattet.

Lebewesen sind insofern mit Fernsehgeräten vergleichbar, als auch sie Oszillatoren enthalten. Man könnte sogar sagen, daß Lebewesen Oszillatoren *sind;* das heißt, daß sie rhythmisch pulsieren bzw. sich verändern. Der einfachste einzellige Organismus oszilliert auf der atomaren, molekularen, subzellularen und zellularen Ebene in einer Reihe verschiedener Frequenzen; mikroskopische Filmaufnahmen dieser Organismen faszinieren uns durch die unablässigen, rhythmischen Kontraktionen, die sie enthüllen. Bei einem so komplexen Organismus wie dem Menschen haben wir es mit ungezählten Oszillationsfrequenzen und Wechselwirkungen zwischen diesen zu tun. Die meisten unserer inneren Systeme funktionieren in rhythmischen Beziehungen; viele der Teilkomponenten müssen synchron arbeiten. In dem Film *The Incredible Machine* gibt es einen elektrisierenden Augenblick, in welchem man zwei separate Muskelzellen des Herzens durch ein Mikroskop sieht. Jede pulsiert in einem anderen Rhythmus. Dann nähern sie sich einander. Noch bevor sie sich berühren, erfolgt eine sprungartige Veränderung ihrer Rhythmen – sie pulsieren plötzlich vollkommen synchron im gleichen Takt.

So wie unsere inneren Rhythmen miteinander verschränkt sind, pulsieren sie auch in Resonanz mit der Außenwelt. Unsere körperlichen und seelischen Zustände verändern sich im Rhythmus des jahreszeitlichen Umlaufes der Erde um die Sonne, mit den Gezeiten, mit dem Tages- und Nachtzyklus und vielleicht sogar mit kosmischen Rhythmen, die von der heutigen Wissenschaft noch nicht isoliert und definiert wurden. Wenn die Harmonie dieser Rhythmen gestört wird, sind Krankheiten die wahrscheinliche und vermindertes Wohlbefinden die unvermeidliche Folge.

Und wie steht es mit den menschlichen Beziehungen? Ist eine Art von Resonanz im Spiel, wenn man mit jemandem spricht, geschieht da etwas, das tiefer eindringt als die bloße verbale Mitteilung? Die Pionierarbeit Dr. William Condons von der Medizinischen Fakultät der Universität Boston deutet darauf hin, daß dies in der Tat der Fall ist. Dr. Condons Entdeckungen in bezug auf die subtilen, weitgehend unbemerkten, tanzähnlichen Interaktionen im Gespräch sind tatsächlich geeignet, unsere bisherigen Vorstellungen von dem Geschehen zwischen Sprecher und Zuhörer über den Haufen zu werfen und eine neue Betrachtungsweise aller Beziehungen nahezulegen.

Zur Untersuchung der Vorgänge, die das unbewehrte Auge nicht sehen kann, entwickelte Condon eine Methode, die er als Mikroanalyse bezeichnet. Er filmt beispielsweise ein Gespräch zwischen zwei Personen und fertigt anhand dieses Films dann Bewegungsanalysen an. Er numeriert die einzelnen Bilder des Films und läßt sie mit der Handkurbel immer wieder ablaufen, nötigenfalls tausendmal, bis er jede Mikrobewegung festgehalten hat. Auch die Worte und Silben der Gesprächspartner werden in winzige Einheiten zergliedert. So dauert das englische Wort »ask« in einem Film (der im Zeitlupentempo von 48 Bildern pro Sekunde gedreht wurde) zum Beispiel ein Fünftel einer Sekunde. Dieser Zeitraum wird dann in noch kleinere Abschnitte unterteilt, die den einzelnen Lauteinheiten dieses Wortes entsprechen: /ae/, mit einer Dauer von 3/48 Sekunden; /E/, 2/48 Sekunden; /S/, 3/48 Sekunden; und /k/, mit einer Dauer von 2/48 Sekunden.

Wie sich herausstellte, sind die Mikrobewegungen des Sprechers präzise mit den Mikroeinheiten seiner Worte synchronisiert. Während des 3/48 Sekunden langen Zeitraums, den die Aussprache des Lautes /ae/ auf diesem Film einnimmt, bewegt sich der Kopf des Sprechers nach links und etwas nach oben, während seine Augen ruhig bleiben. Der Mund schließt sich und schiebt sich nach vorne. Vier Finger krümmen sich, und die rechte Schulter dreht sich leicht nach innen. Alle diese Bewegungen bilden eine geschlossene fließende Einheit. Mit Beginn der zweiten Lauteinheit, die mit dem phonetischen Zeichen /E/ bezeichnet ist, setzt ein zweites, deutlich unterscheidbares Bündel von Bewegungen ein und so weiter.

Diese winzigen Bewegungseinheiten spielen sich innerhalb größerer Einheiten ab, die wiederum Teil größerer Einheiten sind, bis hinauf zu den konventionellen, sichtbaren Gesten des Sprechers, die uns allen vertraut sind. Alle Bewegungen, seien sie nun kurz oder lang, folgen dem gleichen Takt und verbinden Silben, Worte und Sätze in vollkommener Rhythmik mit dem Tanz des Körpers. In diesem Zusammenhang ist es wichtig, daß wir uns die Bewegungsmuster, den Takt innerhalb der Rhythmen, nicht bloß als ein schmückendes Element unserer Rede vorstellen. »Rhythmus oder Takt sind als fundamentale Aspekte der Verhaltensorganisation und nicht als etwas Hinzugefügtes zu betrachten«, erklärt Condon.

Dr. Condon hatte Anfang der sechziger Jahre zu einem ganz anderen Zweck mit den Filmanalysen begonnen: Er wollte den Zusammenhang zwischen der üblichen Gestik und verbalen Inhalten studieren. Aber er bemerkte, daß hinter den offensichtlichen Gesten noch etwas anderes vor sich ging. Deshalb begann er mit seinen mühsamen Analysen der Mikrobewegungen. Er verbrachte eineinhalb Jahre mit dem Studium eines Gesprächsausschnitts von 4½ Sekunden Dauer und verschliß dabei 130 Kopien des Films.

Seine Entdeckung der Resonanz zwischen Worten und Bewegungen des Sprechers kam für ihn selbst überraschend. Noch überraschter war er jedoch angesichts eines »völlig unerwarteten Phänomens«. Die Verwunderung Dr. Condons über diese zweite Entdeckung teilt sich selbst aus den nüchternen Formulierungen einer wissenschaftlichen Abhandlung mit:

> Die Beobachtungen ergaben, daß sich die *Zuhörer* völlig synchron mit den Sprache-/Bewegungsmustern des jeweiligen Sprechenden bewegten. Dabei scheint es sich um eine Art von Resonanz *(entrainment)* zu handeln, da selbst bei der Unterteilung in Einheiten von 1/48 Sekunden kein Zeitrückstand feststellbar ist ... Auch dies scheint ein universelles Charakteristikum der menschlichen Kommunikation zu sein, welches vielleicht sogar für einen Großteil des tierischen Verhaltens im allgemeinen kennzeichnend ist. Die Kommunikation ist somit eine Art von Tanz, bei dem alle Beteiligten synchron differenzierte Bewegungen ausführen, die viele subtile Dimensionen umfassen, seltsamerweise jedoch, ohne sich dessen bewußt zu sein. Selbst einander vollkommen Fremde weisen diese Synchronisierung auf. Eine solche Synchronisierung scheint ständig stattzufinden, solange die Gesprächspartner aufmerksam und an dem Gespräch innerlich beteiligt bleiben ...

Der Zuhörer bewegt sich in der Regel weniger als der Redende. Es gibt Augenblicke, in denen er ziemlich still verharrt. Die spezifischen Körperteile und ihre Bewegungsrichtung unterscheiden sich oft von denjenigen des Redenden. Aber wenn sich der Zuhörer bewegt, selbst wenn er etwa nach einer Schachtel Zigaretten greift, sind seine Bewegungen synchron mit der Artikulationsstruktur des Sprechers.*

Falls Condon recht hat, dann werden diejenigen von uns, die es gewohnt sind, das menschliche Verhalten nach dem üblichen Schema von Aktion und Reaktion, Stimulus und Response zu sehen, ihre Betrachtungsweise modifizieren müssen. Im Grunde ist es nämlich dann nicht so, daß der Zuhörer auf den Sprecher *reagiert*. Vielmehr ist der Zuhörer gewissermaßen *ein Teil* des Sprechers und bildet mit diesem eine *Einheit*. Dies tritt mit erstaunlicher Klarheit zutage, wenn in einem der von Dr. Condon gefilmten Gespräche eine Pause eintritt. *In der gleichen 1/48 Sekunde, in der der Sprecher fortfährt, nimmt auch der Zuhörer seine synchronisierten Bewegungen wieder auf.* Wie dies im einzelnen möglich ist, läßt sich weder durch die herkömmliche Psychologie noch mit Hilfe physikalischer Theorien erklären.

Kehren wir zum Tag der Geburt zurück, so wird die Sache noch geheimnisvoller. Condons Filmstudien zeigen, daß ein normales neugeborenes Kind ebenso wie ein normaler Erwachsener sich synchron mit den Sprechmustern der mütterlichen Stimme bewegt. Der Säugling versteht zwar offensichtlich nicht die Bedeutung ihrer

* William S. Condon, »Multiple Response to Sound in Dysfunctional Children«, in: *Journal of Autism and Childhood Schizophrenia 5:1*, 1975, S. 43.

Worte, die in Englisch oder Chinesisch oder Suaheli sein könnten; aber aufgrund einer Reihe von Untersuchungen wird nun zunehmend klar, daß der begriffliche Inhalt nur ein Teil – und vermutlich ein untergeordneter Teil – der menschlichen Kommunikation ist. Wenn das Kind zur Welt kommt, ist es *bereits in Kontakt* mit den fundamentalen Rhythmen, die uns alle miteinander verbinden.

»Ich betrachte die Welt als eine Einheit«, sagte Dr. Condon zu mir. »Das Gehirn des Kindes ist auch eine Einheit, die verschränkt ist mit der fortlaufenden rhythmischen Einheit, welche diese Welt darstellt. Wenn ein Kind geboren wird, trägt es die Ordnung der Welt bereits in sich.«

Es gibt Ausnahmen, Kinder, bei denen der »Bildfangmechanismus« nicht recht funktioniert; und aus der tragischen Geschichte derjenigen, die wir als »verhaltensgestört« betrachten, läßt sich die entscheidende Bedeutung der rhythmischen Angleichung ablesen. Condon filmte und analysierte die Reaktionen von 25 Kindern verschiedener Altersstufen zwischen 8 Tagen und 12 Jahren, von denen die meisten als »autistoid« oder »lese- und lernschwach« klassifiziert waren, und machte eine weitere völlig unerwartete Entdeckung. Die Mikrobewegungen dieser Kinder waren in normaler Weise in Resonanz mit dem Sprachrhythmus. Aber zusätzlich war eine Art von Echo zu beobachten. Nach einem Intervall von bis zu einer Sekunde bewegte sich ihr Körper nochmals, quasi in einer verzögerten Reaktion auf die akustischen Reize. Einige der Kinder schienen diese nicht vorhandenen verzögerten Laute zu *hören;* bei anderen war dies nicht der Fall. Bei jedem dieser Kinder rief dieser verzögerte Reiz jedoch wahrnehmbare Körperbewegungen hervor. Die Kinder reagierten sogar auf ihre eigene Stimme, als ob auch diese nach einer kleinen Pause aufs neue ertönte.

Dr. Condon erklärt dazu: »Eines der auffallendsten Merkmale der verzögerten akustischen Reaktion ist der scheinbare Mangel an Kontrolle, welche diese Kinder über ihren eigenen Körper haben. Sie scheinen von den akustischen Reizen wie hin- und hergerissen. Die meisten von ihnen neigen dazu, sich nach dem Verzögerungsintervall stärker zu bewegen als in dem Augenblick, in dem der akustische Reiz erzeugt wird.«

Eine derart dissonante Welt ist wohl für all jene, die nicht in ihr leben müssen, kaum vorstellbar. Und für den davon Betroffenen nicht beschreibbar. Jedenfalls ist es kein Wunder, daß sich das schwer autistische Kind einfach aus diesem Alptraum zurückzieht. Unsere Fähigkeit, eine Welt zu *haben,* hängt von unserem Vermögen ab, mit ihr in Resonanz zu schwingen.

In diesem Lichte nimmt ein Großteil dessen, was bisher ungeklärt war, eine neue Bedeutung an. Die Fähigkeit des neugeborenen Kindes zur Resonanz mit dem Sprechduktus der Mutter stellt einen Mechanismus dar, der uns hilft, den Vorgang des »bonding«, der Herstellung einer tiefen gegenseitigen Verbundenheit zu erklären, der von mehr und mehr Psychologen als entscheidend für die normale Entwicklung des Kindes angesehen wird. Sie hilft uns auch, den Wert einer natürlichen Entbindung in angenehmer, ruhiger Umgebung zu verstehen, und erklärt, warum isolierte Kinderkrippen voll schreiender Säuglinge so schreckliche Orte sind.

Die semantische Bedeutung gibt uns Hinweise, aber der Pulsschlag innerhalb der Laute trägt unser Leben. Durch die Konzentration unserer Aufmerksamkeit auf die Sprache als Symbolsystem haben wir de facto die Rolle der Rhythmik bei der Entstehung des gesprochenen Wortes und der Evolution der Sprachen vernachlässigt. In den Worten des Linguisten R. H. Stetson: »Der

Rhythmus ist sicher eines der fundamentalsten Kennzeichen einer gesprochenen Sprache und für einen Ausländer oft am schwierigsten zu erlernen ... Es steht außer Frage, daß den weitgehenden Veränderungen im Laufe des Übergangs vom Lateinischen zum Französischen eine profunde Veränderung des Rhythmus zugrunde liegt. *Der neue Rhythmus hat eine neue Sprache hervorgebracht*, er hat die alten Worte umgeformt, Silben eliminiert und die Betonung von Silbe zu Silbe verschoben ... Eine derartige Veränderung von Rhythmik und Betonung ist auch beim Hebräischen gegenüber dem Arabischen und beim Tschechischen gegenüber dem Litauischen, sowie beim Französischen im Vergleich zum Italienischen festzustellen.«*

Ich habe in dem Zitat von Dr. Stetson einen Satz unterstrichen, um einen mir wesentlichen Punkt hervorzuheben: Von einer Kultur kann ausgesagt werden, daß sie eine Sprache *hat*, aber daß sie ein Rhythmus *ist*. Dieses Faktum ist gerade in Amerika unübersehbar, wo zwei Kulturen, die schwarze und die weiße, die scheinbar dieselbe Sprache sprechen, ernsthafte Verständigungsschwierigkeiten untereinander haben. Inzwischen beginnen wir uns darüber klarzuwerden, daß sich das reichhaltige, spezifische, höchst ausdrucksvolle Englisch der Schwarzen faktisch vom Englisch der Weißen unterscheidet. Zwar sind Grammatik, Syntax und Wortschatz erlernbar, aber das schwieriger zu überwindende Problem sind die rhythmischen Unterschiede.

Der Kulturtheoretiker Edward T. Hall hat unter Verwendung der Methoden Condons sowie eigener Verfahren nach eigenem Bekunden »große Unterschiede« zwi-

* R. H. Stetson, *Motor Phonetics: A State of Speech Movements in Action*, Amsterdam 1951, S. 124 f.

schen schwarzen Arbeitern und Weißen verschiedener Schichten im Hinblick auf nonverbales Verhalten wie Körperbewegungen, Distanzverhalten (Nutzung des persönlichen Raumes) und Rhythmik im allgemeinen festgestellt. Hall behauptet, daß diese nonverbalen Kommunikationsformen »sowohl mit der Struktur der Persönlichkeit als auch mit der Gesellschaft als solcher verwoben sind und sogar damit zu tun haben, wie man sich als Mann oder Frau erlebt«.*

Dies ist eine heikle Angelegenheit. Hinter bewundernden Äußerungen über Volksgruppen, die »Rhythmus im Leib haben«, können sich leicht Vorurteile verbergen. Tatsache ist, daß jedes Volk Rhythmus hat – aber die Rhythmen sind voneinander verschieden. Und die Angehörigen ethnischer Majoritäten haben oft so getan, als ob alles, was anders ist, minderwertig sein müsse.

In der Periode der größten rassischen Spannungen Ende der sechziger Jahre habe ich zusammen mit Dr. Price Cobbs, einem schwarzen Psychiater, eine Anzahl von gemischtrassigen Marathonbegegnungen geleitet. Das Schema war einfach. Wir versammelten Gruppen von etwa 20 Teilnehmern, die in bezug auf Rasse und Geschlecht gemischt waren. Am Freitagabend trafen wir uns zu einer Einführungssitzung von etwa drei bis vier Stunden Dauer. Am Mittag des Samstags begannen wir dann mit einer 24stündigen Gesprächsrunde, in der Hoffnung, die unsichtbaren Barrieren durchbrechen zu können, welche eine Rasse von der anderen trennen. Handgreiflichkeiten waren nicht erlaubt, aber in bezug auf verbale Äußerungen gab es keine Grenzen.

Das Resultat war immer dasselbe. Stunde um Stunde übergossen die Teilnehmer einander mit Beschimpfun-

* Edward T. Hall, *Beyond Culture*, Garden City, New York, 1976, S. 71.

gen, mit ihren Ressentiments, ihrer Angst, ihrer Wut und ihren Kränkungen. Irgendwann vor dem Morgengrauen kam der Punkt, an dem die Situation absolut hoffnungslos erschien. Aber nach Sonnenaufgang verlagerte sich jenseits aller Vernunft plötzlich die Tendenz. Das Ressentiment wich dem Verständnis. Aus Tränen der Wut wurden Tränen des Mitgefühls und eine Bewußtheit der gegenseitigen Unterjochung, die der Rassismus hervorgebracht hatte. Die Barrieren waren zerschlagen.

Warum hatten diese Sitzungen Erfolg? Dr. Cobbs und ich führten es auf die uneingeschränkte Mitteilungsfreiheit auf einer emotionalen Hier-und-Jetzt-Basis zurück. Wir stellten auch fest, daß die Schlaflosigkeit zum Abbau der Vorurteile beitrug. Wir waren uns der klassischen Dynamik der Katharsis bewußt. Diese Faktoren spielten zweifellos eine Rolle. Aber erst als ich auf die Arbeiten von Condon und Hall stieß, erkannte ich, daß die gemischtrassigen Marathons Schnellkurse in der Herstellung einer rhythmischen Resonanz darstellten.

Halls Untersuchungen erklären, weshalb Schwarze und Weiße solche Schwierigkeiten haben, sich miteinander zu synchronisieren. Diese Schwierigkeit äußerte sich in unseren Gruppen durch eine Müdigkeit, die uns alle zu Beginn des Marathons überfiel. Es war, als ob die Worte nicht ihre übliche Kraft und Wirkung hätten, als ob wir alle zu beiden Seiten der Rassenschranken uns durch tiefen Morast vorankämpften. Vielleicht bedurfte es des vielstündigen Gesprächs, der Schlaflosigkeit und der Katharsis, um unsere Gesprächsrhythmen miteinander zu synchronisieren und den Prozeß der Resonanz herbeizuführen. Es steht außer Frage, daß der Rhythmus, die gefühlsmäßige Qualität des Gesprächs (das auf Band aufgezeichnet wurde) gegen Ende der Sitzungen ganz anders sind als in den ersten Stunden.

Auf einem der Bänder gibt es einen Abschnitt, der besonders aufschlußreich ist. Etwa in der Mitte eines der Marathons redeten fast alle Teilnehmer der Gruppe gleichzeitig, fluchten, schrien, stampften mit den Füßen. Diesen Abschnitt spielte ich mir immer wieder vor, bis ich schließlich nicht Worte im üblichen Sinn, sondern Musik zu hören begann – ein irres, wagnerisches Crescendo und Diminuendo, das seinen eigenen inneren Rhythmus und sogar eine steigende und fallende Tonhöhe hat. Gegen Ende des Abschnitts geht ein Teil der Schreie und Flüche in Lachen über. Dann geschieht etwas Merkwürdiges: Die ganze Gruppe schweigt plötzlich, beginnt dann von neuem, schweigt wieder und beginnt nochmals ruhiger – alles im vollkommenen Rhythmus. Danach setzt sich die Begegnung mit einem ganz neuen Ton der Zärtlichkeit und des Wohlbefindens fort. Es ist, als ob die Pendel des Verständnisses nunmehr im gleichen Takt schlügen, als ob die Herzzellen nun im gleichen Rhythmus pulsierten.

Dr. Paul Byers von der Columbia Universität, ein Erforscher nonverbaler Kommunikation, hat gefilmte Interaktionen von Amerikanern, den Maring von Neuguinea, den Netsilik-Eskimos und den Kung-Buschmännern aus Afrika analysiert. In jedem einzelnen Fall hat er Rhythmusangleichung festgestellt. Byers entdeckte ein bizarres Beispiel des Gebrauchs von Rhythmus in Filmen von Begegnungen der Yanamamo, die am Oberlauf des Orinoko in Südamerika leben und dort den Beinamen »das wilde Volk« tragen. Immer wenn die Bewohner zweier Dörfer zusammenkommen, um ein Fest zu feiern, verhalten sich die Besucher gegenüber ihren Gastgebern extrem aggressiv und bedrohlich. Die Häuptlinge der beiden Dörfer treten einander in der Mitte des Dorfes gegenüber und beginnen sich wütend anzuschreien. Aber die Dinge verhalten sich nicht so, wie es an der Oberfläche scheint, wie Byers feststellte, als er Apparate benutzte, um die präzisen Rhythmen des Schreiduells zu analysieren:

> Jeder der beiden Männer schreit drei Silben im Abstand von genau zwei Zehntelsekunden. Aber einer der beiden Männer beginnt genau eine Zehntelsekunde nach dem anderen. Der nächste Ausbruch beginnt genau zwei Zehntelsekunden nach dem Betonungshöhepunkt der letzten (dritten) Silbe des zweiten Mannes. Dies klingt wie ein wütendes Schreiduell, in Wirklichkeit stellt es jedoch einen unglaublich genau synchronisierten verbalen Tanz dar – eine präzise und phasenverriegelte Interaktion. Der Inhalt des Geschreis läßt wütende Aggressionen vermuten, aber der Vorgang hat den biologischen Effekt, daß sich die Beteiligten wohlzufühlen beginnen und füreinander Sympathie empfinden. Die große Präzision ist möglich, weil dieser Vorgang die Gehirnwellen der beiden Männer synchronisiert. Die Gehirnwellen, welche das zugrundeliegende motorische Verhalten steuern, werden fast mechanisch präzise aufeinander abgestimmt.*

Byers führt aus, daß eine Vielzahl körperlicher Vorgänge durch enge Interaktion synchronisiert werden können. »Singen, Rudern und manchmal auch Marschieren synchronisiert die Atmung. Es wurde von einer Synchronisierung der Herzschläge von Psychiater und Patient berichtet. Studentinnen, die eine Wohnung miteinander teilen, stellen manchmal fest, daß ihre Menstruationszyklen synchron verlaufen.«

* Paul Byers, »A Personal View of Nonverbal Communication«, in: *Theory into Practice: Journal of the School of Education,* Ohio State University, Juni 1977.

»Je mehr man sich im gleichen Rhythmus mit jemandem bewegt«, sagte Dr. Condon zu mir, »desto enger wird die Beziehung zu diesem Menschen.« Dies gilt nicht nur in bezug auf Menschen, sondern für alle Lebewesen. Condon vermutet, daß die Bewegungen und Laute, die bei den meisten Säugetieren und Insekten der Paarung vorausgehen, eine Resonanz der körperlichen Vorgänge zum Ziel haben. Manche dieser Balztänze sind unglaublich komplex. Der Kampfläufer (eine verbreitete europäische Schnepfenart) verwendet bei der Balz mindestens 22 verschiedene optische Signale, wobei die Männchen verschiedenen Ranges durch die Untergruppen von Signalen, die sie benutzen, identifiziert werden können. Bestimmte Heuschreckenarten vollziehen sogar noch kompliziertere Rituale. In allen diesen Fällen lösen die Laute und Bewegungen Hormonsekretionen aus, die eine erfolgreiche Paarung und Fortpflanzung sichern. Der Akt der Zeugung als solcher ist ein rhythmischer Vorgang. Die Angehörigen der Spezies Mensch mögen sich über die natürliche Rhythmik der Sexualität hinwegsetzen (Vergewaltigung ist der disrhythmischste Akt, den man sich vorstellen kann), aber es gibt keine echte Sexualität ohne gemeinsamen Rhythmus.

In der Musik wird das Wunder der rhythmischen Resonanz offensichtlich. Jede Geste und jede Mikrobewegung muß vollkommen synchron mit dem Pulsschlag der Musik erfolgen, wenn die Darbietung nicht »auseinanderfallen« soll. Man beobachte die Mitglieder eines Kammermusikensembles – sie bewegen sich als Einheit, werden zu einem einzigen Kraftfeld. Wir haben uns an solche Wunder bereits gewöhnt: die unerhörte Fähigkeit von Jazzmusikern, Tonhöhe und -muster während der Improvisation »vorauszuahnen«, die simultane Bogenführung von 60 Streichern eines Symphonieorchesters. Das Wunder entspringt weniger der Virtuosität einzelner oder der technischen Brillanz ganzer Gruppen als vielmehr der Fähigkeit eines großen Kollektivs (Hunderte von Menschen bei Oratorien), wie *ein* Körper zu empfinden, zu fühlen und sich zu bewegen. Der Dirigent kann zwar als absoluter Herrscher angesehen werden, aber er herrscht, indem er *mit* seinem Orchester spielt, das heißt, mit diesem in Resonanz steht. Bei dieser Angleichung handelt es sich wie gesagt nicht um Stimulus-Response, nicht um Aktion und Reaktion. Der Dirigent kann sich bei der Vorbereitung des nötigen und ausreichenden »Spielraumes« wahrhaft despotisch verhalten. Aber sobald er den Taktstock hebt und die Musik beginnt, unterliegen er und alle seine Musiker demselben Bann, wenn die Aufführung Größe haben soll.

In meinem eigenen Leben hat die Musik eine zentrale Rolle gespielt. Im Alter von neun Jahren begann ich Musikunterricht zu nehmen, und zweimal war ich nahe daran, eine musikalische Laufbahn einzuschlagen. Aber die Jahre vergingen, und ich habe mich für das anspruchslosere Dasein eines Amateur-Jazzpianisten und gelegentlichen Komponisten von Songs für bescheidene Theaterproduktionen entschieden. Gerade mein Mangel an technischer Finesse als Pianist gestattet es mir, den Vorgang der Resonanz anhand zweier unterschiedlicher musikalischer Bewußtseinszustände zu untersuchen. Im ersten Zustand improvisiere ich bewußt, ich forciere die Musik, statt mit ihr eins zu werden. Diese Art der Improvisation, wenn wir sie so nennen können, ist eine Form des Auswählens, nicht des Erschaffens; ich klaube mir einfach Passagen früherer Improvisationen zusammen und bringe sie in eine Ordnung, die den Erfordernissen der melodischen Linie und der harmonischen Entwicklung genügt. Meine Bewegungen in diesem Zustand wirken steif und einstudiert. Die Musik, die dabei zustande kommt, ist gestelzt und uninspiriert.

Dann, wenn ich Glück habe, beginnt sich dieser Zustand auf einmal zu wandeln. Es ist keine allmähliche Veränderung, sondern ein plötzlicher Umschwung, der für mich durch einen unverkennbaren körperlichen Vorgang markiert wird: Ganz unabhängig von der Raumtemperatur spüre ich plötzlich, wie mir der Schweiß auf der Stirn ausbricht. In diesem Augenblick wird die Improvisation mühelos. Ich denke nicht mehr darüber nach, was ich als nächstes spielen werde; ich lasse mein Bewußtsein einfach in der Zeit und an dem Ort verweilen, aus welchen die Musik hervorgeht. Im Rahmen meiner technischen Grenzen habe ich das Gefühl, »alles« machen zu können. Diese völlig unreflektierte Musik weist, wie sich herausstellt, eine weit befriedigendere formale Struktur auf als diejenige, die durch bewußte Verstandesleistung entsteht.

Was meine Körperbewegungen betrifft, so sind sie im zweiten Stadium völlig spontan und lustvoll, gewissermaßen *ein Teil* der Musik. Diese Bewegungen können merkwürdig und sogar grotesk wirken, insbesondere beim Jazz und Rock. Ein berühmter Jazzpianist erzählte mir einmal, daß er seine Frau bittet, seinen wichtigsten Konzerten und Plattenaufnahmen fernzubleiben. Er wisse genau, daß seine Bewegungen und Gesten gerade im schöpferischsten Zustand besonders übertrieben würden. Es war ihm peinlich, von dem Menschen, der ihm am meisten bedeutete, in einem solchen Zustand gesehen zu werden.

Was ich damit sagen will, ist, daß jeder schöpferische Akt, jede Interaktion, ihre eigenen charakteristischen und angemessenen Bewegungen und Gesten hat, die nur auf Kosten all dessen unterdrückt werden können, was spontan und inspirierend ist. Diese Bewegungen und Gesten sind bis zu einem gewissen Grad durch kulturelle Normen geprägt. Die Tänze, Gesänge und die schamanistische Besessenheit der Netsilik-Eskimos sind durch andere Rhythmen und Körperbewegungen gekennzeichnet als die der Yoruba in Nigeria. Aber in beiden Fällen kommt es zu einer Resonanz zwischen Tönen und Gesten, zwischen den Teilnehmern und, falls Sie sich einen solchen Gedanken erlauben mögen, zwischen dem Selbst und dem Kosmos. Und falls eine Kultur versuchen sollte, den Ausdruck dieses Beziehungsrhythmus zu unterbinden, dann wird die Kultur schließlich den kürzeren ziehen.

Aus gutem Grund hat der Westen seit einigen Jahrhunderten versucht, die »wilde« Expressivität zu unterdrücken, die sich am lebhaftesten in Zuständen der Besessenheit und Trance äußert – oder ihr zumindest keinen positiven Wert zuzugestehen. In den letzten Jahrzehnten ist jedoch etwas eingetreten, was Freud als »die Rückkehr des Verdrängten« bezeichnen würde – in Form kathartischer Gruppenpraktiken, charismatischer Religionen und vielleicht am auffallendsten in den verschiedenen vom Jazz abgeleiteten musikalischen Formen: Afrikanische Rhythmik und Expressivität in musikalische Formen des Westens gegossen, sind, mit der möglichen Ausnahme der Massenproduktion, der bedeutsamste kulturelle Beitrag Amerikas. Erleben wir den Soul-Sänger James Brown auf der Bühne des Apollo-Theaters in Harlem – befremdlich antiamerikanisch und gleichzeitig total amerikanisch:

> Uns also mahnend und anfeuernd wirbelt er geschmeidig durch die Luft, stolziert, gleitet dahin, dreht Pirouetten, improvisiert ein fieberhaftes Ballett schwarzen

> Stolzes im Kautschukgewand; und er brüllt seinen Song hinaus, brüllt und brüllt, von hypnotischen Trommelschlägen, einem Chor klagender Saxophone und einem mächtigen und melancholischen Baß in hemmungslose Raserei versetzt.
>
> Jetzt packt ihn unkontrollierbare Leidenschaft. Auf der Seite liegend streckt er sich in voller Länge auf dem Boden aus, sein Gewicht mit einer Hand stützend, während die andere ins Leere faßt. In vorgetäuschter Ekstase ruft er uns zu: »Soll ich schreien?« Wir leiden alle mit ihm. »Ja! Schrei, schrei, Seele, schrei!« antworten wir, ihn dadurch entfesselnd und uns selbst befreiend. Sein Bedürfnis ist das unsere; unseres das seine. Wir haben Kommunikation hergestellt und einander verstanden.*

Resonanz mit höchster emotionaler Aufladung. Kein Wunder, daß wir ihre Macht fürchten: den Sünde- und Verdammnis-Prediger, der uns mit seinem Übermaß an Schuld und Scham bombardiert; den chauvinistischen Demagogen, dessen Rede vom strammen, zackigen Rhythmus eines Militärmarsches begleitet wird; die psychedelische Suggestivität einer Hitler-Proklamation und die donnernde Antwort »Sieg Heil«.

Bei jeder erfolgreichen öffentlichen Rede ist Resonanz im Spiel, obwohl viele der Zuhörer an etwas anderes denken mögen (einer berühmten Schätzung zufolge denken 82 % aller Menschen, die einer Predigt zuhören, an Sex). Im Laufe meiner fünfzehnjährigen Vortragstätigkeit habe ich nur einige wenige jener atemberaubenden Momente erlebt, in denen ich und meine Zuhörer uns wie ein einzi-

* Frank Hercules, »To Live in Harlem«, in: *National Geographic*, Februar 1977, S. 188 ff.

ger Organismus bewegten und atmeten. Einmal trat mitten in einem Referat vor einer großen Zuhörerschaft in Los Angeles plötzlich eine merkwürdige Stille ein. Es war bei einem Arbeitsessen, an dem 1 200 Menschen teilnahmen. Auf drei Ebenen erstreckten sich Tischreihen in die Ferne. Doch während ich sprach, schien der Saal immer kleiner zu werden, bis die Versammlung eine fast unerträgliche Intimität gewann. Ich setzte mein vorbereitetes Referat fort; es war mir, als könnte ich jetzt weder aufhören, noch den Rhythmus verändern. Ich hatte das Gefühl, mit den Zuhörern wie durch ein mächtiges magnetisches Feld verbunden zu sein. Dieses Erlebnis war sowohl zutiefst verführerisch als auch erschreckend. Ich hatte keine Ahnung, wie es enden würde. Plötzlich begann etwa drei Tische von mir entfernt eine Frau ohne Vorwarnung laut zu schluchzen, und damit war der Bann gebrochen. Die Leute fingen wieder an, in ihren Sitzen herumzurutschen, man hörte unterdrücktes Husten, und ich setzte mein Referat auf vertrautem Terrain fort, auf weniger beängstigende Weise mit meinen Zuhörern verbunden.

Man kann sich ihr nicht entziehen. Rhythmische Resonanz mag wie alle mächtigen Prozesse zum Guten oder zum Schlechten verwandt werden, um Macht zu erlangen oder sie anderen vorzuenthalten. Rhythmus kann in Fesseln gelegt, gestört oder gebrochen werden. Aber nur eine Zeitlang. Letzten Endes entzieht sich die Resonanz jeglicher Manipulation, denn sie ist der Stoff des Lebens selbst, ein Widerhall der fundamentalen Verbundenheit, die ein Wesensmerkmal unserer Existenz ist. Die verschiedenen Kulturen sprechen und bewegen sich in unterschiedlichen, spezifischen Rhythmen, aber die rhythmische Verbundenheit ist in allen Kulturen auf die gleiche Weise wirksam. Das autistische Kind wird von widersprüchlichen Rhythmen geplagt, aber auch im Mittelpunkt seines Lebens existiert wie in jedem Leben ein Pulsschlag von vollkommenem Rhythmus.

Condons gewissenhafte Studien zum Phänomen der Resonanz erhellen das Außergewöhnliche im Alltäglichen. Wenn Sie sich mit einem Freund zum Abendessen verabreden, so ist dies mit einem Tanz vergleichbar, den Sie mit Präzision und großem Können vollführen. Wenn Sie sich beiläufig mit einem Unbekannten über das Wetter unterhalten, stellen Sie auf bisher unbekannte Weise eine Verbindung zwischen zwei Welten her. Gewisse Rationalisierungsexperten und andere, die auf die »Effektivität« ihrer Beziehungen stolz sind, neigen dazu, das leichte Geplauder als Zeitverschwendung abzuwerten. Sie fordern uns auf, gleich zur Sache zu kommen. Was ihnen zu entgehen scheint, ist, daß die Funktion des harmlosen Geplauders die Herstellung von Resonanz ist, und diese, wie auch immer sie zustande gekommen sein mag, ist die Grundlage aller verbalen Interaktion. Darüber hinaus ist sie der für uns am leichtesten erreichbare Zugang zum Tanz des Universums und, wie uns T. S. Eliot vor Augen hält: »Es gibt nur den Tanz.«

3
Körper, Geist und Leere

Der subtile Tanz des Körpers verbindet uns mit der Welt. Aber was ist dieser Körper? Woraus besteht er?

Die Unterscheidung schien immer klar genug: Der Körper ist jene greifbare, feste Substanz, welche Krankheiten und Begierden und schließlich dem Verfall anheimfällt. Der Geist stellt den Gegensatz dazu dar, da er weder Geruch noch Geschmack noch Appetit kennt und man ihn nicht anfassen kann. Der Körper ist materiell und verletzbar. Der Geist ist ungreifbar und ewig. Da sie die beiden als Gegensatz verstanden, haben Philosophen und Religionsführer nicht gezögert, sich auf die Seite des Geistes zu stellen. Für Platon war die Welt der Materie und des Leibes nur ein blasser Abklatsch eines höheren Reiches idealer Formen. Der Manichäismus, eine frühpersische Religion, die den heiligen Augustinus stark beeinflußte, sah das ganze Universum in zwei Königreiche geteilt. Gott herrschte über das Reich des Geistes, während Satan das Reich der Materie regierte. Der menschliche Leib, ein Geschenk Satans, war durch und durch böse. Thomas a Kempis sprach vom Körper als »diesem Dunghaufen«. Der heilige Franziskus schwankte zwischen der Abwertung des Leibes und einer widerwilligen Kooperation mit dem, was er als »Bruder Leib« oder »Bruder Esel« bezeichnete.

Kurz, der Körper schien kaum einer ernsthaften religiösen oder philosophischen Betrachtung wert, dafür war er zu eigensinnig, zu offensichtlich, zu *kompakt.* Selbst der Unphilosophischste unter uns hat manchmal mit

Hamlet gewünscht, »o schmölze doch dies allzu feste Fleisch, zerging' und löst' in einen Tau sich auf . . .«

Aber ist der Körper wirklich fest? Aus unserer üblichen Sicht erscheint uns die Haut relativ glatt und wohlgefällig, während der Leib darunter schrecklich anzusehen ist: eine bluttriefende Masse von Sehnen, Muskeln und »Fleisch«. Durchs Mikroskop gesehen wirkt die Haut einer Fingerspitze hingegen wie eine Reihe von Gebirgskämmen in einer öden Mondlandschaft, eine verkrustete, schuppende Fläche voller Löcher. Ein Stück Muskelgewebe erscheint in dieser Vergrößerung jedoch wie ein Flechtwerk voller Symmetrie und Schönheit. Ob es sich jedoch um Haut, Fleisch oder Knochen handelt, dieser unser Körper scheint durchaus kompakt und substantiell zu sein.

Wir können allerdings noch tiefer vordringen. Das Elektronenmikroskop, das uns mehrtausendfache Vergrößerungen liefert, läßt uns in ein Reich eintreten, das an den Ozean erinnert. Die Poren der Haut wirken jetzt wie Unterwasserhöhlen, und man muß uns erst sagen, daß die Meerestiere, welche an den schrundigen Wänden kleben, nichts weiter als gewöhnliche Bakterien sind.

Dringen wir mit unserer neugewonnenen Wahrnehmungsfähigkeit weiter in den Körper vor, dann begegnen wir einer Seeschlange, die auf einem riesigen Walroß lagert – in Wirklichkeit ein Bündel von Nervenfasern, die sich durch das Muskelgewebe schlängeln. Knollige Neurogliazellen im Gehirn sehen aus wie Seetang, der vom Meeresboden aufsteigt. Die bewimperten Zellen des Eileiters wirken wie Seegras, das sich rhythmisch in einer Meeresströmung wiegt. Und jetzt sehen wir Tausende von Kaulquappen vorüberschwimmen, stracks gegen den Strom – Samenzellen in einem Wettkampf, in dem sie nur geringe Chancen haben; die Prämie ist ein neues Leben.

Diese Bilder haben etwas Traumähnliches. Die Gehörzellen im Innenohr gleichen Seeanemonen in einem Wassertümpel. Und im Bogengang lagern riesige Findlinge, die auf flachgepreßtem Seegras hin- und herpoltern. Diese Findlinge sind Kalziumkristalle, die sich bei jeder Kopfbewegung verlagern; das Seegras (die Rezeptorenzellen) spürt diese Bewegungen und signalisiert dem Gehirn die Stellung des Kopfes.*

Ein Kapitän Cousteau dieser Welt des Schweigens könnte ein ganzes Leben allein mit dem Studium von Blutzellen verbringen, die in fast jeder erdenklichen Gestalt auftreten. Die meisten roten Blutkörperchen sind scheibenförmig, mit einer Delle in der Mitte. Aber manche sind wie stachlige Kugeln oder Seeigel. Andere haben die Gestalt von Glocken, mexikanischen Hüten oder chinesischen Löffeln. Man könnte mit diesen Lebewesen einen ganzen Zoo bevölkern, in dem nicht nur Seepferdchen, sondern auch Nilpferde, Rhinozerosse, langschwänzige Nager, Eidechsen und Störche anzutreffen wären.

Im Reich der Blutkörperchen gibt es Verwandlungen, und es gibt *Samsara*, den endlosen Kreislauf von Geburt und Tod. In jeder Sekunde werden etwa zweieinhalb Millionen rote Blutkörperchen geboren; in jeder Sekunde stirbt dieselbe Anzahl. Die typische Zelle lebt etwa 110 Tage und wird dann schlaff und hinfällig. Der Tod läßt hier nicht auf sich warten, denn sobald eine Zelle ihre Lebenskraft einbüßt, erregt sie auf irgendeine Weise die Aufmerksamkeit einer Makrophage. Diese große Freßzelle, so formlos und unerbittlich wie die berühmte Gallertmasse aus den Science-fiction-Filmen, nähert sich

* Bemerkenswerte Fotografien der hier beschriebenen Bilder finden sich in Lennart Nilssons *Behold Man: A Photographic Journey of Discovery Inside the Body*, Boston 1974.

dem todgeweihten Blutkörperchen, öffnet ihren riesigen runden Mund, schluckt und verdaut sie.*

Das Elektronenmikroskop eröffnet uns diese Einblicke in den Körper, der in seiner Schönheit und Schrecklichkeit so grenzenlos wirkt wie das Meer. Bei all ihrer Grenzenlosigkeit haben wir es jedoch immer noch mit fester Materie zu tun; das Fleisch hat sich noch nicht in Tau aufgelöst.

Nun kommt der Augenblick, noch tiefer einzudringen. Zu diesem Zwecke müssen wir den Bereich dessen, was sich dem Auge noch sichtbar machen läßt, verlassen und uns der Ableitung und Schlußfolgerung bedienen. Kein Mikroskop, das Licht oder selbst Elektronen benutzt, kann uns dabei helfen. Die Informationen, welche uns mächtige Atomteilchen-Beschleuniger liefern, werden unsere Lichtquelle sein, die Mathematik unser Mikroskop. Die Fähigkeiten des Verstandes werden die Vergrößerung bewirken, die wir auf unserer Suche brauchen.

Mit zunehmender Vergrößerung beginnt sich das Fleisch tatsächlich aufzulösen. Die Muskelfaser nimmt jetzt einen völlig kristallinen Aspekt an. Wir *sehen,* daß sie aus langen wohlgeordneten Molekülspiralen besteht. Und all diese Moleküle schwanken wie Weizen im Wind, durch unsichtbare Wellen, die viele billionenmal in der Sekunde pulsieren, miteinander verbunden und in ihrer Position festgehalten.

Woraus bestehen die Moleküle? Bei näherer Betrachtung sehen wir Atome, winzige schattenhafte Kugeln, die in den Molekülen um ihren festen Platz tanzen, dabei manchmal in vollkommenem Rhythmus mit ihren Partnern die Position tauschend. Und jetzt sehen wir uns

* Siehe Marcel Bessis, *Corpuscles: Atlas of Red Blood Cell Shapes,* New York 1974.

eines dieser Atome an; sein Inneres ist durch eine Wolke von Elektronen verschleiert. Wir kommen näher, verstärken die Vergrößerung. Die Schale löst sich auf, wir blikken ins Innere und sehen dort . . . *nichts.*

Irgendwo in dieser Leere, das wissen wir, ist ein Kern. Wir sehen uns im Raum um, und da ist er, ein winziger Punkt. Endlich haben wir etwas Greifbares und Festes, einen Bezugspunkt, entdeckt. Aber nein – sobald wir uns dem Atomkern nähern, beginnt auch er sich aufzulösen. Auch er ist nichts anderes als ein oszillierendes Feld, rhythmische Wellen. Innerhalb des Nukleus sind andere organisierte Felder: Protonen, Neutronen, sogar noch kleinere »Teilchen«. Sobald wir uns einer dieser Partikeln nähern, löst sie sich in bloße Schwingungen auf.

Die Wissenschaftler suchen immer noch nach den primären Bausteinen der materiellen Welt. In unseren Tagen sind sie auf der Suche nach den Quarks, merkwürdigen subatomaren Einheiten, deren Eigenschaften sie mit Begriffen wie Obensein, Untensein, Charme, Fremdartigkeit, Wahrheit, Schönheit, Farbe und Geschmack beschreiben. Aber wie dem auch sei. Wenn wir an diese merkwürdigen Quarks nahe genug herankommen könnten, würden auch sie wegschmelzen. Auch sie könnten keinen Anspruch auf Festigkeit mehr erheben. Selbst ihre Geschwindigkeit und ihre Position wären unklar, und es blieben von ihnen nur Beziehungen und Schwingungsmuster.

Woraus besteht also der Körper? Er besteht aus Leere und Rhythmus. Im Innersten des Körpers, im Herzen der Welt gibt es keine feste Materie: Es gibt nur den Tanz.

4
Was die Sinne verraten

Experimente, Mathematik und wilde Spekulationen haben uns in das unvorstellbare Innere des Atoms, den kompakten Kern, geführt. Dort haben wir keine feste Materie, sondern ein dynamisches Schwingungsmuster von Energie auf engstem Raum vorgefunden, die schätzungsweise 10^{22} (das ist eine Eins mit zweiundzwanzig Nullen dahinter) Mal pro Sekunde vibriert: einen Tanz. Dieser Tanz von infinitesimalen Proportionen ist unvorstellbar energiegeladen und schwer. Wenn man alle Atomkerne im Körper eines 70 Kilogramm schweren Mannes zusammenpreßte, würden sie den Umfang eines Stecknadelkopfes haben, 69,95 Kilogramm wiegen und die potentielle Energie enthalten, um Berge zu versetzen.

Die Protonen – die positiv geladenen Knoten im Bewegungsmuster des Nukleus – sind nicht nur energiestrotzend; sie sind auch sehr alt. Zusammen mit den viel leichteren Elektronen, die in den äußeren Regionen des Atoms herumwirbeln und -vibrieren, stellen die Protonen die ältesten Einheiten der Materie im Universum dar. Sie sind in den ersten Sekunden nach der Geburt von Zeit und Raum entstanden.

Welch eine Geschichte könnten uns diese tanzenden Partikeln erzählen! Wenn wir die Biographie eines einzigen Protons in der Haut einer Fingerspitze lesen könnten, würden wir erfahren, daß es viele Leben hinter sich hat. Vielleicht hat es sich schon im Blütenblatt eines Veilchens oder in den Eingeweiden eines Regenwurms aufgehalten, vielleicht hat es mitgeholfen, das Schwert eines mongolischen Kriegers mit Rost zu bedecken oder das Blau in der Pupille eines Wikingers zu vertiefen. In prähistorischer Zeit war dieses selbe Proton vielleicht ein paar Jahrtausende lang ein Teil des Kreislaufs vom Wasserdampf zur Wolke, zum Regen und wieder zurück zum See oder zum Meer, mit Abstechern an so spezielle Orte wie in den Fangarm eines Oktopus oder die Wurzel einer Kiefer. Vielleicht ist es ein paar Milliarden Jahre lang durch die einsame Wüste des interstellaren Raums getrieben oder hat ein paar Millionen Jahre an der Feuerung des nuklearen Hochofens im Zentrum der Sonne mitgewirkt.

Aber all dies – eine protonische Durchschnittsexistenz – wäre für einen Archäologen der nuklearen Welt weniger interessant als Informationen über *den Anfang*. Denn das Proton ist insofern mit der Hieroglyphentafel von Rosette vergleichbar, als es uns helfen könnte, die Geschichte des Universums zu entziffern. Die Geschichte ist da, sie sperrt sich weniger gegen die Sondierung durch unsere Instrumente als gegen unsere halsstarrige »Objektivität«, die uns immer noch davon abhält, das Phänomen des Tanzes zu erfahren.

Überall gibt es Geheimnisse und überall Enthüllungen. Wenden wir unsere Instrumente und Gedanken vom Mikro- zum Makrokosmos, so beginnen wir die Geschichte und Existenz der Galaxis, einer Grundeinheit des Sternenreichs, zu begreifen.

Am Anfang war das ganze Universum ein unstrukturiertes Gemenge, eine dicke Suppe aus Wasserstoffgas und Energie. Aber es liegt im Wesen der Existenz, Wirbel und Strudel zu bilden. In der Turbulenz der Ursuppe entstanden riesige Wirbel. Diese Wirbel konnten durch die Schwerkraft stabilisiert werden, wenn sie etwa die Größe einer Galaxis aufwiesen. Jeder Wirbel wurde zu einer Einheit; in den Uterus ihrer eigenen Schwerkraft gebettet, manifestierte sich die embryonale Galaxis als riesige Wolke glühenden Gases. Kleinere Wirbel innerhalb dieser Wolke begannen zu kreisen und zu tanzen, und Sterne kondensierten wie wirbelnde, brennende Tautropfen.

Mit Hunderten von Milliarden leuchtender Sterne durchsetzt, entwickelten sich die Galaxien wie alle Lebewesen zu immer größerer Ordnung und Komplexität. Unsere Teleskope vermitteln uns Bilder von diesen gigantischen stellaren Organismen in jedem Stadium der Evolution. Die jüngsten von ihnen hatten noch keine Zeit, unter dem Regiment von Schwerkraft und Magnetismus Form anzunehmen; sie wirken noch unregelmäßig und amorph. Und dann gibt es da die halbwüchsigen Balken-Galaxien, Tänzer, die sich mit ausgestreckten Armen sanft im Kreise drehen. Dann die »erwachsenen« Tänzer, die sich schneller drehen, mit durch die Drehbewegung gekrümmten Armen. Und schließlich die dichter gewirkten Feuerradspiralen, deren Arme zu leuchtenden Schleiern ausgezogen sind. Und da sind auch noch die älteren Galaxien mit ihren langsameren Bewegungen: die Ellipsoide und Kugeln.

Eine anschaulichere Demonstration der tanzgleichen Natur des Universums ist kaum vorstellbar. Durch unsere Teleskope sehen wir eine galaktische Tarantella, einen lebhaften, leidenschaftlichen Tanz, in Zeitlupe ausgeführt. Interaktionen zwischen Galaxien sind nichts Ungewöhnliches, da sie relativ nahe beisammen sind. Im Durchschnitt trennt sie eine Entfernung, die etwa dem Hundertfachen ihres eigenen Durchmessers entspricht. Wie Tänzer, die in kreisende Bewegung versetzt werden, wenn sie im Vorbeigehen den Ellenbogen eines anderen Tänzers streifen, der sich in der Gegenrichtung dreht, um Guy Murchies hübsches Bild zu verwenden, wirbeln sie durch Zeit und Raum, wobei die Geschichte ihrer Abenteuer an der Geschwindigkeit und Eigenart ihrer Bewegungen abzulesen ist.

Manchmal stoßen diese Galaxien frontal zusammen, und man könnte sich vorstellen, daß diese Kollision von hundert Milliarden Sternen mit anderen hundert Milliarden die schlimmste aller denkbaren Katastrophen auslösen müßte. In Wirklichkeit können zwei Galaxien sich jedoch durchdringen wie zwei Rauchwolken. Da die Sterne, aus denen sie bestehen, durch Distanzen voneinander getrennt sind, die dem Millionenfachen ihres eigenen Durchmessers entsprechen, sind Sternkollisionen dabei äußerst unwahrscheinlich. Auch hier haben wir es wieder mit der wunderbaren Transparenz zu tun, die letzten Endes alle »Objekte«, seien sie nun klein oder groß, auszeichnet. Ob wir nun auf der Suche nach dem Proton sind oder nach den Energiemustern innerhalb des Protons, die man als Quark bezeichnet, ob wir es mit Galaxien oder großen Anhäufungen von Galaxien zu tun haben, schließlich haben wir es immer mit tanzenden Feldern von Rhythmen und Beziehungen zu tun. In diesem Kapitel will ich zu zeigen versuchen, wie wir durch unsere Sinne mit all dem verbunden sind.

Der Größenordnung nach zwischen Proton und Galaxis stehend, könnte es scheinen, daß wir Menschen nur an einer bescheidenen Auswahl kosmischer Rhythmen teilhaben. Das Gesamtspektrum ist ungeheuer: Unser Sonnensystem braucht fast 10 Milliarden Sekunden (240 Millionen Jahre), um eine Umlaufbahn der Milchstraße zu vollenden. Die Wellen im Kern des Atoms vibrieren 10^{22}mal pro Sekunde. Das ganze Atom schwingt bei Zimmertemperatur etwas langsamer, etwa 10^{14}mal pro Sekunde, während die Moleküle mit einer Frequenz von 10^9 Hertz pulsieren.

Diese Größenordnungen übersteigen bei weitem das Reaktionsvermögen der Zellen, aus denen unser Körper besteht. Lebende Zellen können auf eine direkte Stimulierung von bis zu etwa 1000 Hertz reagieren und können interne Zyklen haben, die langsam genug sind, um der Rhythmik des vierundzwanzigstündigen Tages, der Mondgezeiten und vielleicht sogar des Jahres gerecht zu werden. Die komplexe Ansammlung von Zellen, die wir als Gehirn bezeichnen, pulsiert mit Schwingungsmustern von mehr als 40 Hertz (bei aktiver Konzentration) bis zu weniger als 1 Hertz (im Tiefschlaf) – das wär's dann schon. Aber rhythmische Wellen sind fließend und lassen sich unschwer von einem Spektrum in ein anderes transponieren. Wie wir bereits gesehen haben, sind wir aufs engste mit der Welt der Tonschwingungen verbunden. Durch unsere Sinne stehen wir auch mit einem erstaunlich breiten Spektrum anderer rhythmischer Schwingungen in Verbindung. Insofern können wir uns unsere Sinnesorgane schlicht und einfach als Rhythmustransformatoren vorstellen.

Nehmen wir beispielsweise das Sehvermögen. Die Wellen des sichtbaren Lichtes pulsieren mit einer Frequenz von 390 Billionen bis 780 Billionen Hertz – genau eine Oktave, eine Verdoppelung der Frequenz –, während die Zellen unseres Körpers kaum 1000 Hertz schaffen. Dennoch gelingt es uns, diese Kluft relativ mühelos zu überbrücken. Tatsächlich kann das menschliche Auge auf ein einziges Lichtquant (die kleinstmögliche Menge) reagieren und 10 Millionen Farbschattierungen unterscheiden.

Diese phantastische Leistung der Rhythmusübersetzung wird durch spezialisierte Zellen in der Retina des Auges ermöglicht. Die Zellen selbst können zwar nicht auf Frequenzen reagieren, die so hoch sind wie die des sichtbaren Lichtes, aber die Moleküle in den Zellen können es. Mittels einer komplexen Kette chemischer Reaktionen senden die Moleküle ihre Signale an die Sendezentralen der Zellen, die dann ihre Botschaften an das Gehirn übermitteln. Um Farbunterscheidungen zu treffen, sind lediglich drei Arten von Retinalmolekülen notwendig, da alle Farben aus verschiedenen Mischungen der drei Primärfarben abgeleitet werden können. Eine Molekülart spricht am ehesten auf die Schwingungsfrequenz an, die wir als »Rot« bezeichnen, mit abnehmender Reaktion auf Frequenzen unterhalb und oberhalb davon. Zwei andere Molekülarten, die auf Blau und Gelb spezialisiert sind, signalisieren ebenfalls ihre abgestufte Reaktion. Das Zusammentreffen der drei Botschaften in unserem Gehirn ruft einen Eindruck hervor, den wir dann als »Flaschengrün« oder »Purpur« bezeichnen. Diese Bezeichnungen und Eindrücke beruhen auf rhythmischen Frequenzen. Das scharfe Auge, das gute Gehör nimmt feinste Schattierungen wahr.

Die Erforschung der Funktionsweise unserer Sinne ist noch keinesfalls abgeschlossen. Bei der Registrierung und Übermittlung der verschiedenen Schwingungen, die auf sie einstürmen, verfahren unsere sensorischen Systeme im allgemeinen höchst zweckdienlich und manchmal irrsinnig kompliziert. Man beschäftige sich beispielsweise einmal mit der Funktionsweise des menschlichen Ohres, und man wird zu der Ansicht gelangen, daß es doch eine einfachere Möglichkeit geben müßte, ein Gehörorgan zu konstruieren. Aber das Ohr entwickelte sich aus den Kiemen, das heißt, seine eigentümlichen Mechanismen bauten auf einem Organ auf, das zu einem völlig anderen Zweck bestimmt war. Die Hebel und Zapfen, welche die Schwingungen des Trommelfells an das Innenohr übermitteln, erscheinen wie eine altmodische

Maschine, doch sie sind von phantastischer Sensibilität. Das leiseste Geräusch, das wir hören können, versetzt das Trommelfell in eine Schwingung mit einer Amplitude von einem hundertmilliardstel Zentimeter, das entspricht etwa dem zehnfachen Durchmesser des kleinsten Atoms. Die Hebelwirkung von drei winzigen Knöchelchen setzt diesen Druck in einen zwanzigmal stärkeren Druck auf die Flüssigkeit des Innenohres um.

Die Sinnesrezeptoren des Gehörs befinden sich innerhalb einer keilförmigen, mit Flüssigkeit gefüllten Schnecke namens Cochlea, die zweieinhalb Windungen aufweist. Winzige Härchen, insgesamt etwa 24 000, sind mit den Rezeptorzellen verbunden. Die Härchen sind wie die Saiten einer Harfe verschieden lang, was frühere Theoretiker zu einem naheliegenden Schluß verführte: Der Ton wird vom Trommelfell zur Cochlea übermittelt und versetzt die Schneckenflüssigkeit in Schwingungen. Nur die Härchen, die auf die jeweilige Tonhöhe eingestellt sind, beginnen dadurch zu vibrieren. Die Vibration dieser Härchen aktiviert dann die an sie angeschlossenen Nervenzellen, und diese senden die entsprechenden Signale an das Gehirn.

Weitere Forschungen zeigten, daß die Rezeptorzellen auch auf den Druck von stehenden Schallwellen in der Schneckenflüssigkeit reagieren (jedenfalls nach der besten heutigen Theorie) und vielleicht auch auf die durch Druckwellen verursachte Ausbuchtung des Organs und möglicherweise sogar auf Veränderungen im elektrischen Potential zwischen verschiedenen Teilen der Cochlea.

Und das ist erst der Anfang. Innerhalb des Gehirns durchläuft das akustische Signal ein komplexes Schaltsystem mit zahlreichen Rückkoppelungsschleifen und Signaldämpfern, die es uns gestatten, in einer lärmenden Menschenmenge ein bestimmtes Gespräch zu verfolgen.

Unser Gehörsinn ist in der Tat ein Wunder und übertrifft das Sehvermögen in vieler Hinsicht. Wenn ein Maler beispielsweise drei Farbtöne miteinander vermischt, kann unser Auge das Resultat nur als eine einzige neue Farbe wahrnehmen. Wenn Klarinette, Flöte und Oboe zusammen erklingen, kann unser Ohr die resultierende Mischung sowohl als neuen Klang hören als auch die drei Instrumente, die den Klang hervorbringen, voneinander unterscheiden.

Es war Aristoteles, der als erster von den fünf Sinnen sprach – Hören, Sehen, Riechen, Schmecken und Tasten – und damit die Menschheit seit zweieinhalbtausend Jahren irregeführt hat. Forscher haben zu verschiedenen Zeiten fast 30 zusätzliche Sinnesqualitäten identifiziert, die direkt oder indirekt mit dem Tastsinn zu tun haben: Druck, Berührung, starker Druck, Stechen, kurzer Schmerz, starker Schmerz, Wärme, Kälte, Hitze, Muskeldruck, Gelenkdruck, Sehnenanspannung, Schwindelgefühl, Gleichgewichtssinn, Appetit, Hunger, Durst, Übelkeit, Sex, Herzempfindungen, Atmungsempfindungen, Jucken, Kitzeln, Vibrieren, Atemnot, Sattheit und Völlegefühl. Um diese »Qualitäten« zu grundlegenden Tastsystemen zusammenzufassen, kann man sagen, daß die Haut zumindest vier getrennte Sinne beherbergt: für Empfindungen des Schmerzes, der Temperatur, der starken und mäßigen Berührung sowie der leichten Berührung, die durch die Sensitivität der Haare vermittelt wird. Ein weiteres System ist im tieferliegenden Gewebe, in den Muskeln und Eingeweiden lokalisiert.

Wie auch immer man sie klassifiziert, die Tastsinne verfügen über erstaunliche Fähigkeiten. Wir spüren mühelos den Unterschied zwischen einer glatten Glasfläche und einer mit unsichtbaren Rillen von einem tausendstel Zentimeter Tiefe. Professionelle Stoffprüfer können Textilien unterscheiden, selbst wenn sie sie lediglich mit einem Stab berühren.

Es ist manchmal erfrischend zu hören, daß bestimmte gewöhnliche Fähigkeiten des Menschen jedem wissenschaftlichen Erklärungsversuch getrotzt haben. Dies gilt sicherlich für die Sinnesempfindungen der Berührung, der Temperatur und des Schmerzes. Theorien gibt es genügend, aber auf der fundamentalen molekularen Ebene bleibt der genaue Mechanismus dieser Empfindungen fraglich. Zwar kann man sagen, daß die Nervenenden, die für Berührung empfindlich sind, »die Verformung des umgebenden Gewebes« registrieren, aber damit ist noch nicht exakt beschrieben, wie dies vor sich geht. Manche Wissenschaftler spekulieren, daß Moleküle auseinandergedrängt werden, wenn das Fleisch zusammengepreßt wird, und dadurch geladene Partikeln aus der benachbarten Flüssigkeit eindringen und einen chemischen Austausch hervorrufen können, der die Nervenzelle veranlaßt, ihr Signal abzusenden. Aber niemand ist völlig sicher.

Die gleiche Unsicherheit existiert in bezug auf Temperatur und Schmerz. Manche Forscher vermuten, daß die Tastsensoren auf Verformung reagieren, die horizontal zur Oberfläche der Haut erfolgt, während Temperatur- und Schmerzsensoren auf vertikale Verformung ansprechen. Temperatur wird dieser Theorie zufolge durch die Expansion und Kontraktion vertikaler Kapillaren, an denen Nervenenden befestigt sind, »gemessen«. Interessant ist, daß die Signalleitungen für Schmerz- und Temperaturempfindungen im Rückgrat untrennbar zu sein scheinen und daß im Gehirn eine enge Beziehung und ein gewisses Wechselspiel zwischen den Regionen der Schmerz- und Wärmeempfindungen, zwischen Leiden und Lust, besteht.

Die Geruchs- und Geschmackssinne reichen bis in die

Anfänge der evolutionären Reise zurück. Es gibt Lebewesen ohne jegliches Hör- oder Sehvermögen, aber nirgends auf der Erde findet man eine Form tierischen Lebens, die nicht in irgendeiner Weise auf chemische Reize reagiert.

Der Geruchssinn funktioniert einer neueren Theorie zufolge nach einem Schlüssel-und-Schloß-Prinzip. Die Geruchsrezeptoren-Zellen, die sich hoch oben auf der Hinterseite der Nasenhöhle befinden, sind mit »Schlössern« versehen, das heißt, mit winzigen Öffnungen in genau der richtigen Größe und Form, so daß bestimmte Moleküle als »Schlüssel« hineinpassen. Wenn der Schlüssel richtig ins Schloß paßt, wird die Zelle aktiviert, ein Signal an das Gehirn zu senden. Es gibt angeblich fünf verschiedene Arten von Rezeptorzellen, deren jede ein spezifisches Schloß besitzt. Ein Satz von Schlössern spricht nur auf Moleküle an, die mit einem pfefferminzartigen Geruch verbunden sind. Es gibt andere Schlösser für moschusartige, blumige, kampferartige oder ätherische Geruchsmoleküle. Zwei zusätzliche Arten von Zellen für scharfe und faule Gerüche reagieren auf die elektrische Ladung des Moleküls und nicht auf dessen Form und Größe. Dieser Theorie zufolge rufen verschiedenartige Zusammensetzungen der sieben Grundtypen alle Geruchsempfindungen hervor.

Der Geruchssinn umfaßt jedoch noch mehr als bloß den Schlüssel-und-Schloßmechanismus. Anfang des 19. Jahrhunderts bemerkte Michael Faraday, daß die meisten geruchsintensiven Substanzen Infrarotstrahlung (Hitze) absorbieren. Zeitgenössische Forscher haben auf dieser Entdeckung aufgebaut: Sie nehmen an, daß die Nase als eine Art Spektroskop fungiert und die Fähigkeit der hereinströmenden Moleküle, in der Nasenhöhle Wärme zu absorbieren, analysiert und diese Informationen an das Gehirn weiterleitet, was zu Duftempfindungen führt. Eine Kombination des Schlüssel-und-Schloß-mechanismus mit dem Infrarot-Spektroskop könnte die große Bandbreite und den Nuancenreichtum des Geruchssinns erklären.

Der Geschmackssinn ist ein noch größeres Geheimnis, da er nicht nur von der chemischen Zusammensetzung und Temperatur der jeweiligen Substanzen, sondern auch von deren Struktur und Geruch abhängt. Die grundlegende Interaktion ist jedoch molekular, und die gesamte Geschmackspalette wird von vier Arten von Geschmacksknospen hervorgebracht – für süß, sauer, salzig und bitter. Um den Genuß des Gourmets herbeizuführen, muß man diese in verschiedenen Kombinationen präsentieren und weitere Ingredienzen wie Gerüche, optische Eindrücke, kulturelle Vorlieben, frühere Erfahrungen, Appetit, Erwartungen, die Gesellschaft, in der man sich befindet, und den äußeren Rahmen hinzufügen.

Im Bereich der molekularen Schwingungen ist alles Rhythmus und Elektrizität. Die Schlüssel-und-Schloß-Metapher ist nützlich, aber sie sollte einen nicht dazu verführen, sich ein statisches, rein physikalisches Zueinanderpassen vorzustellen. Am besten kann man sich den Vorgang als ein tanzähnliches Spiel mit bestimmten Regeln vorstellen. Die Regeln betreffen den Austausch von Elektronen, Ionen und Atomen und, im Fall der Schlüssel-und-Schloß-Situation, die korrekte räumliche Ausrichtung von elektromagnetischen Feldern. Insofern sind alle Sinne miteinander verwandt. Sie unterscheiden sich lediglich dahingehend, daß sie verschiedene Mittel zur Umwandlung hochfrequenter rhythmischer Wellen in Schwingungen verwenden, die das Gehirn verarbeiten kann. Bestimmte Frösche können durch die Haut Lichtempfindungen wahrnehmen. Klapperschlangen können winzige Mengen von Infrarotstrahlung durch Öffnungen zwischen dem Nasenloch und dem Auge verspüren. Bestimmte Fische können infinitesimale elektrische Ströme mittels Organen am Schwanz oder nahe der Rückenflosse wahrnehmen. Diese exotischen Sinne operieren nach demselben Prinzip wie unser gewöhnliches Sensorium: durch Reaktion auf Schwingungsmodus, -rate und -muster.

Einer der fundamentalsten Sinne von Tieren und Menschen entzieht sich jeglicher Kategorisierung. Das ist der Gleichgewichtssinn, der es uns ermöglicht, aufrecht zu stehen, loszugehen und anzuhalten, uns im Kreis zu drehen und zu Boden zu fallen, ohne die Orientierung zu verlieren. Die Gleichgewichtsorgane bestehen aus mit Flüssigkeit gefüllten halbkreisförmigen Kanälen, die im Innenohr an die Cochlea anschließen. Die Bewegung von Flüssigkeit und Kalziumkristallen über behaarte Rezeptoren in den Kanälen gibt Aufschluß über Bewegungen des Kopfes und seine Stellung im Verhältnis zum Gravitätsfeld der Erde.

Dieses feinfühlige, differenzierte Sinnesorgan gestattet uns jüngsten Forschungen zufolge nicht nur, gerade zu stehen, sondern auch gerade, das heißt, klar und vernünftig, zu denken. Der Vestibularapparat ist dicht verwoben mit dem Schaltsystem der anderen Sinne im Gehirn, insbesondere dem Seh- und Hörvermögen und den verschiedenen Tastsinnen. Um die wechselseitige Verbundenheit der Sinne untereinander zu verdeutlichen, sei darauf hingewiesen, daß bestimmte besonders große Gehirnzellen, die »Konvergenzneuronen«, nur funktionieren, wenn sie gleichzeitig Signale aus mehr als einem sensorischen System erhalten. Einige von ihnen arbeiten nur, wenn sie Impulse sowohl von den Augen als auch vom Gleichgewichtssystem erhalten. Andere brauchen noch mehr Informationen, etwa von den Augen, dem Gleichgewichtssinn und dem äußeren und inneren Tastsinn.

Um zu erkennen, was man sieht, muß man mit anderen Worten manchmal wissen, was die Augen registrieren, was man ertastet, wie das Verhältnis des Körpers zu Schwerkraft und Bewegung ist und welche Position die Gelenke haben. Was wir »sehen« nennen, schließt all dies ein und erhellt auf erstaunliche Weise die Beziehung zwischen Wahrnehmung und dem gesamten Körper. Und wenn das Denken Wahrnehmungen beinhaltet, dann ist es untrennbar mit dem Körper, seinem Gleichgewicht und seiner Fähigkeit, Bewegungen, Empfindungen und Berührungen zu integrieren, verbunden.

Es wird nunmehr klar, daß eine Beziehung zwischen Problemen der Bewegung, des Gleichgewichts und der Berührung einerseits und Problemen des Lernens andererseits besteht. Manche Kinder haben ihren Eltern und Lehrern durch die Ungleichmäßigkeit ihrer schulischen Leistungen Rätsel aufgegeben. Diese Kinder haben oft hohe Intelligenzquotienten, zugleich aber Schwierigkeiten in spezifischen Fächern oder Fertigkeiten. Einem dieser aufgeweckten Kinder mag es schwerfallen, den Unterschied zwischen *b, d, p, q, g* festzustellen. Ein anderes faßt vielleicht gut auf, kann aber schlecht erklären. Ein drittes hat vielleicht einen blinden Fleck in bezug auf Mathematik. Dieselben Kinder haben häufig Schwierigkeiten mit dem Gleichgewicht und bestimmten Arten körperlicher Bewegungen.

Eine Reihe von Theoretikern und Praktikern, in vorderster Reihe Dr. A. Jean Ayres, haben rein nonverbale Übungen zur Überwindung von Lernschwierigkeiten entwickelt. Die Übungen, die unter dem Oberbegriff der »sensorischen Integration« stehen, zielen auf die Integration aller Sinnesorgane unter besonderer Berücksichtigung des Gleichgewichtssinns, der Bewegungen und des Tastsinns. Bei einer Übung liegen die Kinder in Netzen, die an Drehgelenken hängen, welche an der Decke befestigt sind. Mit dem Gesicht nach unten in diesen Netzen schwingend üben sie Fertigkeiten wie die Umverteilung von Murmeln aus einem Behälter in einen anderen. Eines der wirksamsten Verfahren zur sensorischen Integration besteht lediglich darin, ein Kind am ganzen Körper mit einem trockenen Malerpinsel zu bürsten. In einer Kultur, in der Kinder unter geringem körperlichen Kontakt geboren und aufgezogen werden und in der sich auch Erwachsene mit Ausnahme sexueller Begegnungen selten berühren, ist das Tastsystem oft nach Reizen ausgehungert. Und, so seltsam dies auch scheinen mag, Berühren, Wahrnehmen und Denken hängen eng miteinander zusammen.

Kinder und übrigens auch Erwachsene mit Lernstörungen haben häufig ein mangelhaftes Rhythmusgefühl. Dies sollte uns nicht überraschen. Eine primäre Funktion des Rhythmus besteht in jedem Organismus und jeder Gesellschaft darin, die verschiedenen Teile und Systeme miteinander zu integrieren. Man stelle sich das Gehirn als ein Orchester vor. Sobald einer der Musiker in der falschen Tonlage spielt oder den Takt nicht einhält oder falls eine Gruppe zu früh oder zu spät einsetzt, wird aus Harmonie Dissonanz. Der bewußte, kontrollierende Verstand (der vorwiegend mit dem Kortex des Gehirns in Verbindung gebracht wird) kann wie ein Dirigent intervenieren und die Ordnung wiederherstellen. Aber es ist sehr schwierig, dies von oben zu tun. Das Gehirn ist unendlich komplizierter als jedes Orchester, das wir uns vorstellen können. Angesichts dieser unbeschreiblichen Komplexität muß sich der bewußte Verstand auf die verschiedenen Mitglieder und Gruppen verlassen können, die Harmonie zu wahren und den Takt selber mitzukriegen. Außerdem hat die Gehirnrinde andere Dinge zu tun. Man stelle sich vor, wie unbequem und ablenkend es wäre, wenn man jeweils bewußt ermitteln müßte, ob der Kopf gerade aufrecht steht oder zu einer Seite geneigt ist. Manche Leute müssen sich mit genau solchen Problemen herumschlagen.

Im Orchester des Gehirns wird das Zusammenspiel des sensorischen Inputs nicht durch den Kortex, sondern durch das Zwischenhirn, welches unterhalb der Ebene des bewußten Denkens funktioniert, im richtigen Rhythmus gehalten. Die Signale aus den verschiedenen Sinnesorganen werden dort integriert, geordnet und überprüft und dann, falls nötig, an den Kortex weitergeleitet. Und im Zwischenhirn stoßen wir auch auf eines der bemerkenswertesten Phänomene des ganzen Denkapparats: Die meisten Signale aus *allen* Sinnesorganen werden dort mit Signalen aus dem Vestibularapparat integriert, bevor sie an die Regionen des Bewußtseins im Kortex weitergeleitet werden. Falls der Vestibularapparat zu wenig aktiv, überaktiv oder aus dem Takt ist, kann das umfassende und entnervende Wirkungen haben. Dieselbe Fehlerquelle, die anhaltende (wenn auch manchmal unterschwellige) Gefühle von Seekrankheit hervorruft, kann auch das Hör- und Sehvermögen und die Gefühlswelt beeinträchtigen.

In der Tat tragen die Empfindungen der Schwerkraft und des Gleichgewichts mehr als alles andere dazu bei, im Orchester unseres Gehirns für den richtigen Takt zu sorgen. Indische Musikensembles enthalten in der Regel ein Saiteninstrument, welches einen ständigen tiefen Summton hervorbringt, eine »Seinsgrundlage«, mit der sich die Klänge der anderen Instrumente stets in Beziehung setzen lassen. Falls das Orchester unseres Gehirns über ein vergleichbares Instrument verfügt, dann ist es der Vestibularapparat, der alle unsere Handlungen und Gedanken mit der Schwerkraft dieser Erde und dadurch mit dem Gravitationsfeld des Universums verbindet.

Ebenso wie die Körperempfindungen das Denken beeinflussen können, so kann das Denken auch die Körperempfindungen beeinflussen. Als Aristoteles zu dem Schluß kam, daß es nur fünf Sinne gebe, sprach er mit Autorität in einem Augenblick hoher Rationalität im westlichen Denken. In jahrhundertelanger Überlieferung durch die Kirche hat seine Formulierung die menschliche Erfahrung mitgeformt und uns dadurch gegen all das voreingenommen gemacht, was man als *unter*natürliche Empfindungen bezeichnen könnte.

Denn es steht außer Frage, daß die überlebenden Angehörigen primitiver Jäger- und Sammlerstämme Spürsinne besitzen, die den meisten von uns fremd sind, etwa die Fähigkeit, in Wüstengebieten unterirdische Quellen zu finden, an bewölkten Tagen Richtung und Position festzustellen und in manchen Fällen auch Beutetiere zu orten, die mit den gewöhnlichen Sinnen nicht wahrnehmbar sind. Die Verifizierung dieser Fähigkeiten unter kontrollierten Laborbedingungen ist nahezu unmöglich, da man sich dazu des Traumas schuldig machen müßte, primitive Menschen aus ihrer heimatlichen Umwelt zu verpflanzen. Diese Leistungen wurden jedoch an Ort und Stelle durch vertrauenswürdige Zeugen beobachtet.*

Müssen die meisten derartigen Fähigkeiten mit den letzten Überresten primitiver Horden und Stämme aussterben – oder ist es Angehörigen gegenwärtiger Kulturen etwa möglich, sie wiederzugewinnen? In der Wissen-

* Siehe Robert L. Van de Castle, »Anthropology and Psychic Research«, in: *Psychic Exploration*, Edgar D. Mitchell, Hrsg., New York 1974.

schaft hängen wie in jedem anderen Bereich die Antworten, die man erhält, weitgehend von den Fragen ab, die man stellt, bzw. der Art und Weise, wie man sie formuliert. Wenn wir unsere Vorurteile gegen den außersinnlichen Bereich beiseite lassen, können wir Fragen auf eine Weise stellen, die zu interessanten Resultaten führen.

Ein Physikprofessor der Sorbonne, Yves Rocard, nahm beispielsweise das Thema Wünschelrute ernst genug, um mit »durchschnittlichen Probanden« einschlägige Versuche zu unternehmen. Er wies diese Leute an, mit angespannten Armmuskeln einen langen Stock in Balance zu halten und damit nach unterirdischen Quellen zu suchen. Rocard zufolge bewirkten die durch das Wasser verursachten Veränderungen des magnetischen Feldes, daß sich die Muskeln entspannten und der Stock zu Boden neigte. Professor Rocard vergrub auch elektrische Spulen im Boden, mit deren Hilfe er eine Veränderung des Magnetfeldes ähnlich der Veränderung durch Wasservorkommen erzeugte. Mit Hilfe eines Magnetometers stellte er fest, daß seine Probanden Veränderungen des magnetischen Feldes bis zu 0,3 Milligauß wahrnehmen konnten.*

Zum Vergleich: Das Magnetfeld der Erde beträgt in gemäßigten Zonen in Höhe des Meeresspiegels 500 Milligauß, was vermuten lassen könnte, daß »Durchschnittspersonen« imstande sein könnten, ohne Instrumente den magnetischen Nordpol zu orten. Dies scheint in der Tat der Fall zu sein. Manche Teilnehmer meiner Seminare lernen, den magnetischen Nordpol mit verbundenen Augen, allein durch den Spürsinn ihrer ausgestreckten Hände zu finden.

* Yves Rocard, »Actions of a Very Weak Magnetic Gradient: The Reflex of the Dowser«, in: M. F. Barnothy, Hrsg., *Biological Effects of Magnetic Fields*, New York 1964, S. 279 ff.

Der menschliche Körper erzeugt, wie die Körper aller Lebewesen, sein eigenes elektromagnetisches Feld. Jede Zelle trägt zu diesem Feld bei, insbesondere die aktiven Drüsenzellen und die Muskelzellen, die bei jeder Kontraktion einen relativ starken elektrischen Strom erzeugen. Das Nervensystem ist ein Netzwerk, das sich in unaufhörlicher elektrischer Aktivität befindet; das Gehirn ist mit einer unvorstellbar komplexen Schalttafel vergleichbar, auf der Tag und Nacht alle Lichter blinken. Die elektrische Aktivität im Gehirn hat, wie wir gesehen haben, die Form von pulsierenden Schwingungen, welche auf der Oberfläche der Kopfhaut gemessen werden können und die sich mit Lichtgeschwindigkeit im Raum ausbreiten. Auch das Herz und das ausgedehnte System von Blutgefäßen produzieren elektrischen Strom und Magnetkraft mit einem dazugehörigen elektromagnetischen Feld. Der durch das Herz erzeugte Strom kann außen auf der Brust als Ladung von bis zu einem hundertstel Volt gemessen werden. Das mit dem kardiovaskulären System verbundene elektromagnetische Feld kann durch empfindliche Instrumente noch im Abstand von einem Meter vom Körper registriert werden.

Jeder von uns ist somit eine Art Radiosender. Die Signalstärke ist verglichen mit derjenigen selbst des schwächsten Walkie-Talkie zwar gering, aber dennoch nicht unbeträchtlich. Bei entsprechender Abstimmung und Verstärkung könnten die menschlichen Signale auch in einiger Entfernung empfangen und entschlüsselt werden.

Es bleibt die Frage, ob wir auch wie Radio*empfänger* funktionieren können. Bisher lautete die Antwort zweifellos »nein«. In Lehrbüchern über die Sinnesorgane wird kategorisch behauptet, daß wir Elektrizität als solche nicht fühlen können und daß wir auch, abgesehen von den Hitzestrahlen und dem sichtbaren Licht, keine Sinnesorgane für elektromagnetische Strahlung besitzen.

Diese gängigen Lehrbücher spiegeln jedoch nur unser gegenwärtiges begrenztes Wissen auf dem Gebiet der Sinneswahrnehmungen wider. Die Sinne funktionieren jedoch, wie sich herausstellt, selten, falls überhaupt, als separate und unverbundene Systeme. Um einen Sinn zu ergeben, müssen die sensorischen Informationen moduliert und integriert werden; darüber hinaus werden sie durch frühere Erfahrungen, vorgefaßte Meinungen und kulturelle Tabus stark beeinflußt. Bei manchen Anlässen übernimmt ein Sinnesorgan die Aufgabe des anderen. Sehr tiefe Töne (von weniger als 60 Hertz) werden weniger durch das Ohr als vielmehr durch die Haut »gehört«. Ein elektrostatisches Feld, welches etwa durch das Auseinanderziehen von zwei Plastikbahnen entsteht, kann man durch den Tastsinn wahrnehmen, da es eine Bewegung der Körperhaare hervorruft. Das geheimnisvolle Gefühl einer »Präsenz«, das uns manchmal das Nahen eines anderen Menschen im Dunkeln ankündigt, könnte auf demselben Mechanismus beruhen, da der menschliche Körper sowohl ein elektrostatisches als auch ein elektromagnetisches Feld erzeugt. Aber wahrscheinlich ist da noch etwas anderes im Spiel. In meinen Aikido-Kursen habe ich oft erlebt, daß Teilnehmer die Anwesenheit eines anderen Menschen aus einer Entfernung spüren konnten, die nicht durch elektrostatische oder Wärmeempfindlichkeit erklärt werden kann. Wir müssen wohl davon ausgehen, daß sich unser wissenschaftliches Verständnis des menschlichen Spürsinnes noch in einem rudimentären Stadium befindet.

Auch sollten wir uns vor Augen halten, daß die elektromagnetische Strahlung die Sinnesorgane umgehen und statt dessen auf die Körperzellen direkt einwirken kann. Dr. W. Ross Adey, der Leiter des Gehirnforschungsinstituts der Universität von Kalifornien in Los Angeles, hat nachgewiesen, daß ein schwacher pulsierender Strom, der durch Metallplatten geleitet wird, welche sich in etwa 10 cm Entfernung von den Schläfen eines Menschen befinden, dessen Fähigkeit, die Zeit richtig zu schätzen, stark beeinträchtigen kann, insbesondere wenn die Frequenz der Stromstöße etwa im Bereich von 7 Hertz liegt. Experimente dieser Art an Katzen und Affen haben sowohl Veränderungen der chemischen und elektrischen Vorgänge im Gehirn wie auch des Zeitsinns ergeben.*

Diese Entdeckung sollte uns nicht gleichgültig lassen, da wir in der Großstadt ständig von elektromagnetischen Strahlen von Rundfunk- und Fernsehsendern, Mikrowellenrelais, Radar, Hochspannungsleitungen, Elektrogeräten und, was vielleicht am unheimlichsten ist, aus den Drähten unseres gewöhnlichen 50-Hertz-Leitungsnetzes bombardiert werden, das uns in jedem Haus umgibt. Wenn genügend Strahlen bestimmter Frequenzen unseren Körper durchdringen (mehr als die oben genannten Quellen normalerweise aussenden), beginnen die Moleküle, aus denen die Zellen bestehen, so heftig zu vibrieren, daß sie sich dadurch erhitzen. Strahlen dieser Art werden bekanntlich zum Braten von Fleisch in Mikrowellenherden verwendet.

Die pulsierenden Kraftfelder, die ständig in unserem gesamten Lebensraum wirksam sind, beeinflussen uns auf vielerlei bekannte und unbekannte Art. Unsere Gesundheit und unser Wohlbefinden werden bis zu einem

* R. J. Havalas, D. O. Walter, D. Harver und W. Ross Adey, »Effects of Low-Level, Low-Frequency Electric Fields on EEG and Behavior in *Macaca Nemestrina*«, *Brain Research 18*, 1970, S. 491 ff. Vgl. auch neuere unveröffentlichte Studien von Adey, p. A. Brain Research Institute, University of California, Los Angeles, CA 90024.

gewissen Grad durch den Rhythmus der Gezeiten, den Wechsel der Jahreszeiten und die Drehung der Erde beeinflußt. Es gibt Gründe für die Annahme, daß sich auch entferntere Vorgänge auf uns auswirken. Die Zyklen der Sonnenflecken (riesige Eruptionen, die eine Flut kosmischer Strahlen auslösen) beeinträchtigen den Rundfunkempfang und scheinen sich auch auf das Wetter und die Ernteerträge auszuwirken. Es ist auch die Ansicht vertreten worden, daß diese Eruptionen mit Aspekten des menschlichen Verhaltens korrespondierten: beispielsweise mit Erregungsausbrüchen von Patienten in psychiatrischen Krankenhäusern und darüber hinaus mit der Erregbarkeit von Menschenmassen, die zu Aufständen und Revolutionen führt.* Wie in den folgenden Kapiteln deutlich werden wird, stehen wir in der Tat mit allem Existierenden *in Beziehung*.

Auf dem Höhepunkt des 19. Jahrhunderts sah sich der westliche Mensch in einer heroischen Position, als isoliertes Individuum, das in ständigem Kampf mit der Natur und den »heidnischen Horden« liegt. Der Körper wurde als eine Festung aufgefaßt, die fünf Sinne als Wachtposten, die uns in einer zwangsläufig feindseligen äußeren Umwelt vor Gefahren warnen. Diese Sichtweise prägte sowohl die Wahrnehmung als auch die Realität. Die äußere Welt war in der Tat feindselig. Es gab ständig Kriege.

Dieses Zeitalter ist vergangen. Wie arrogant war es von uns zu glauben, daß wir uns allein und losgelöst gegen die Welt behaupten könnten. Jetzt beginnen wir zu begreifen, daß die Sinne – in all ihrer Vielfalt und ihrem Wechselspiel – nicht bloß Wachtposten sind, sondern

* Siehe Edward R. Dewey, *Cycles: The Mysterious Forces That Trigger Events*, New York 1971, S. 57 ff.; sowie Gay Gaer Luce, *Body Time*, New York 1971, S. 51.

Verbindungen herstellen. Indem sie kosmische Rhythmen in für uns wahrnehmbare Frequenzen umwandeln, liefern sie uns Informationen über Beziehungen, so daß wir auf harmonischere Weise mit unserer Welt in Verbindung treten können. Was uns die Sinne sagen, ist, daß wir nicht außerhalb all dessen stehen, was wir wahrnehmen, sondern ein Teil davon sind.

5
Persönliche Identität und innerer Pulsschlag

Die Wahrscheinlichkeit, daß zwei Fingerabdrücke völlig identisch sind, ist angeblich geringer als 1:64 Milliarden; ein Duplikat für sämtliche Fingerabdrücke eines Menschen zu finden, ist unmöglich. Gesichter sind ebenso charakteristisch und, außer im Falle eineiiger Zwillinge, leicht auseinanderzuhalten. Ein guter Stimmabdruck – die graphische Wiedergabe elektronisch aufgezeichneter Stimmfrequenzen – gestattet es, den Sprecher zu identifizieren. Handschriften können gefälscht werden, wozu es jedoch höchster Geschicklichkeit bedarf, und auch dann gelingt die Nachahmung selten hundertprozentig. Ein Spürhund kann den Geruch eines Menschen von Millionen anderen unterscheiden. Jetzt, wo unser Instrumentarium zur Analyse der Gehirnwellenmuster leistungsfähiger wird, stellt sich heraus, daß diese unverwechselbar sind. Säuglingen sind spezifische, identifizierbare Rhythmen des Schlafens und Wachens angeboren; neuere Forschungen deuten auch darauf hin, daß das Atmungsmuster eines Neugeborenen ebenso spezifisch ist wie sein Daumenabdruck.* Die persönliche Identität ist in der Tat eine wesentliche Eigenschaft der menschlichen Existenz, und ihre Äußerung in Form eines rhythmischen inneren Pulsschlags stellt eine Kernthese dieses Buches dar.

Die Fähigkeit, andere Lebewesen als Angehörige der-

* Siehe Evelyn B. Thoman, »Early Development of Sleeping Behaviors in Infants«, in: *Aberrant Development in Infancy: Human and Animal Studies*, N. R. Ellis, Hrsg., New York 1975, S. 123 ff.

selben Spezies zu erkennen, reicht weit in die Geschichte der Evolution zurück, sicherlich so weit wie die Entwicklung getrennter Geschlechter. Sozial organisierte Insekten wie Bienen, Ameisen und Termiten haben die zusätzliche Fähigkeit, zwischen verschiedenen Kasten zu unterscheiden (beispielsweise Bienenköniginnen von Arbeiterinnen) und können auch zwischen den einzelnen Lebensstadien differenzieren (Eier, Larven usw.). Steigt man die Evolutionsleiter hinauf, so kann man feststellen, daß alle Wirbeltiere zwischen jungen, halbwüchsigen und erwachsenen Exemplaren ihrer eigenen Art unterscheiden können; aber die Fähigkeit zur individuellen Wiedererkennung beginnt mit wenigen Ausnahmen erst auf der Ebene der Vögel und Säugetiere.

Das Gehirn in Verbindung mit dem Sensorium hat die vielgestaltigsten und einfallsreichsten Mittel in den Dienst der Wiedererkennung gestellt. Manche Primaten können genau wie Menschen Gesichter erkennen. Viele Säugetiere benutzen, wie jeder Hundebesitzer weiß, die Ausdünstungen als persönliche Erkennungsmarken; die Fähigkeit dieser Tiere, durch den Geruchssinn ein Individuum vom anderen zu unterscheiden, ist phänomenal. Das Heulen eines Wolfes gibt Aufschluß über sein emotionales Befinden, seinen Aufenthaltsort und seine separate Identität; Experimente mit Bandaufzeichnungen und Tonspektrogrammen zeigen, daß Wölfe äußerst subtile Klangunterschiede wahrnehmen können.* Vögel können einzelne Exemplare aufgrund der absoluten Frequenz oder des Musters bzw. des »Dialekts« ihres Gesanges oder ihrer Rufe sowie durch ihre äußere Erscheinung unterscheiden.

Die individuelle Wiedererkennung spielt eine Rolle

* John B. Theberge, »Wolf Music«, *Natural History LXXXX:* 4, April 1971, S. 37 ff.

beim Abstecken von Revieren; ein Singvogel kennt und akzeptiert die friedlichen Rivalen an den Grenzen seines Reviers, gerät jedoch in Aufregung über das Eintreffen eines Fremdlings. Die Wiedererkennung ist auch ein Schlüsselfaktor für die Paarbindung, die Brutpflege und die Herstellung der Hackordnung, die in vielen sozialen Gruppen den Zusammenhalt gewährleistet.

Selbstverständlich basieren alle menschlichen Gesellschaften auf der persönlichen Identität, und es ist aufschlußreich zu verfolgen, welch große Bedeutung diesem Aspekt von der Geburt bis zum Tode beigemessen wird. Der Gedanke an ein menschliches Wesen ohne Identität hat etwas Alptraumhaftes und fast Unvorstellbares. Da jede Zelle des Körpers (außer den Blutzellen) Moleküle der DNS enthält, welche den Bauplan des gesamten Körpers in sich trägt, ist es theoretisch möglich, aus einer Zelle ein genaues Duplikat – oder auch eine Million Kopien – jedes Menschen zu erschaffen. Das Klonen, wie dieser Vorgang genannt wird, ist nicht nur das tägliche Brot der Science-fiction-Autoren, sondern beschäftigt auch zahlreiche Wissenschaftler. Unser gesunder Menschenverstand rebelliert freilich gegen diese Vorstellung, und wir wünschen vielleicht sogar, daß es sich als schwieriger erweisen möge, als manche Futurologen glauben, ja vielleicht sogar als unmöglich. Denn in der Tiefe unserer Intuition sind wir uns alle bewußt, daß eine Million Hans Müller, ja sogar eine Million Albert Einstein nicht mehr menschlich zu nennen wären. Jüngste Forschungen deuten im übrigen darauf hin, daß der Evolutionsprozeß als solcher Mechanismen für die Erzeugung und Erhaltung individueller Spielarten in jeder Spezies enthält.*

* Bryan Clarke, »The Causes of Biological Diversity«, *Scientific American*, August 1975, S. 50 ff.

Ein Mensch zu sein, soviel scheint klar, heißt, eine persönliche Identität zu haben. Diese Identität ist einzigartig und irreversibel. Sie ist der Bezugspunkt unserer jeweiligen Sicht des Universums. Sie drückt sich in verschiedenster Weise aus, in dem, was wir als Körper, Geist und Seele, als unser Gedächtnis und unsere Werke bezeichnen. Sie ist das Höchste, was der schöpferische Künstler geben kann. Sie lebt über den Tod hinaus fort.

Das Städtchen Monroe, wo ich meinen vierzehnten Sommer verlebte, ist ein abgelegener, mythischer Ort im nördlichen Teil von Georgia, inmitten der sanften Hügellandschaft aus roter Tonerde. In dem Ort gab es kein Kino, keine Klimaanlagen, kein Fernsehen – nur Stimmen, das Zwitschern der Vögel, das Summen von Insekten und die lastende Hitze. Hier drückte mir eines Morgens mein älterer Cousin *Look Homeward, Angel* von Thomas Wolfe in die Hand und bestand darauf, daß ich es sofort zu lesen begann.

Vier Stunden später, auf dem Höhepunkt der Nachmittagshitze, legte ich das Buch mit zitternden Händen und gerötetem Gesicht nieder. Ich hatte nur etwa 50 Seiten gelesen, aber mein Leben hatte sich verändert. Ich war erschüttert, weniger durch den Inhalt des Geschriebenen als durch die Qualität – den Rhythmus, wenn man so will – des Erlebnisses. Vielleicht könnte man es als einen Schock des Erkennens bezeichnen; es stimmt, daß ich mir auf diesen Seiten selbst begegnete. Aber ich begegnete auch Thomas Wolfe. *Persönlich.*

Während ich in dem Buch weiterlas, mein Tempo zügelnd, damit es nur nicht zu Ende ging, war er anwesend, nicht bloß im literarischen Sinn, sondern irgendwie wirklich: Wolfe selbst. Jahre später besuchte ich auf einer Fahrt nach Asheville, North Carolina, Wolfes Wohnhaus und Grab. Ich traf Menschen, die ihn gut gekannt hatten, und verbrachte das Mittag- und Abendessen in Gesellschaft seiner Schwester. Aber seine persönliche Präsenz war für mich auf dieser Reise nicht so prall und scharf umrissen wie in den langen, heißen Tagen und verzauberten Nächten des Sommers 1937, als ich »Schau heimwärts, Engel« zum erstenmal las. Damals kannte ich Wolfe durch einen Aspekt seines Selbst, der in den Seiten dieses Buches Ausdruck gefunden hatte.

Die Schallplatte fällt auf den Plattenteller und beginnt sich zu drehen. Der Tonarm hebt sich, schwenkt mit desinteressierter, mechanischer Anmut seitwärts, verharrt einen Augenblick über dem Rand der Platte und senkt sich dann. Die Lautsprecher krachen, und mir wird klar, daß die Platte schlimmer verkratzt ist, als mir in Erinnerung war. Eine einzelne gedämpfte Violine eröffnet das Quartett. Der Ton scheint verzerrt. Vielleicht ist die Nadel nicht in Ordnung. Die zweite Violine setzt ein, dann die Viola und das Cello.

Und wieder geschieht das Wunder. Die Mängel sind vergessen. Ludwig van Beethoven ist hier im Raum. Er spricht nur zu mir. Ich *kenne* ihn. Über eine Spanne von 150 Jahren hinweg, übermittelt durch Linien und Punkte auf Papier, die von vier in Boston auf hölzernen Instrumenten spielenden Männern in Töne verwandelt, dann in elektronische Impulse und darauf in die mechanischen Schwingungen des Schneidstichels auf der Vaterplatte umgesetzt, als Platten massenproduziert, sodann in Elektrizität und schließlich in Töne rückverwandelt wurden, hat Beethovens persönliche Präsenz überlebt. Zehn Zwischenstationen der Zeit, des Raumes und der Übermittlungsschritte von ihm entfernt, enthält sein *Cis-Moll-Quartett* Opus 131 immer noch seinen Geist, ja, *ist* er selbst.

Etwas von Wolfe, seine »tatsächliche« Präsenz, war

nicht so sehr im Inhalt seines Buches als in der Kadenz, den Zwischenräumen zwischen den Worten enthalten. Beethovens Präsenz wurde durch einen ganz anderen, aber ebenfalls einen rhythmischen Prozeß chiffriert und wieder realisiert. Die mich am tiefsten berührende Erfahrung war das Erlebnis der persönlichen Identität, oder wie auch immer man das bezeichnen will, was jeden der beiden nicht mehr lebenden Männer einzigartig im ganzen Universum macht.

Dieses Gefühl, daß der Künstler in seinem Werk enthalten ist, mutet vertraut an. Aber man hat uns seit frühester Kindheit gelehrt, unseren Gefühlen zu mißtrauen. Was wir brauchen, ist etwas Objektives – einen Meßwert auf einer Skala, eine Linie auf einem Diagramm –, damit wir dem vertrauen können, was wir bereits wissen. Im Falle Beethovens und anderer Komponisten gibt es jetzt zum Glück ein Instrument zur objektiven Messung der persönlichen Identität und Präsenz, das von dem Musiker und Wissenschaftler Manfred Clynes entwickelt wurde.

Clynes erarbeitete zunächst eine präzise Methode zur Definition und Messung bestimmter Gefühlszustände. Diese Zustände sind seiner Ansicht nach überaus spezifisch. In Clynes' Formulierung: »Die Eigenschaften des Spektrums der Emotionen sind weitaus schärfer umrissen als die Wörter, die zu ihrer Beschreibung benutzt werden.« Jeder der sieben primären Gefühlszustände – Wut, Haß, Schmerz, Liebe, Sex, Freude und Verehrung – habe seinen eigenen charakteristischen Gestus, den er als ihre »essentische« Form bezeichnet. Dieser Gestus, der im Gehirn vorprogrammiert ist und durch die Muskeln ausgedrückt wird, kann sich auf verschiedene Art und Weise manifestieren: durch Mimik oder Stimme, durch Tanzbewegungen, Schriftzüge oder sogar durch den

Druck eines Fingers. Durch die Messung des Fingerdrucks ist Clynes imstande, die exakte Form jeder Emotion bzw. jedes Gefühlszustandes aufzuzeichnen.

Seine Methode ist einfach. Er fordert seinen Probanden auf, sich bequem hinzusetzen, wobei der rechte Mittelfinger (falls die Versuchsperson Rechtshänder ist) auf einem Knopf ruht, der an ein Gerät zur Messung des vertikalen und horizontalen Druckes angeschlossen ist. Der Proband wird aufgefordert, durch einen einmaligen Fingerdruck beispielsweise Wut auszudrücken. Dies wird dreißig bis fünfzig Mal wiederholt und die Resultate werden in einen Computer eingespeist, der den Durchschnitt ermittelt, um kleinere Schwankungen auszugleichen. Das Ergebnis wird durch den Computer graphisch in der Form eines Pulsschlages dargestellt – eine Form in der Zeit.

Die essentische Form von Wut ist nachstehend dargestellt, wobei die obere Linie dem vertikalen und die untere dem horizontalen Fingerdruck entspricht.

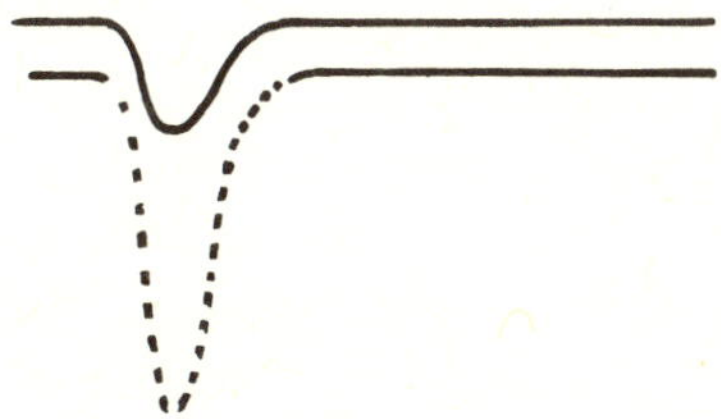

Der Pulsschlag der Liebe sieht hingegen ganz anders aus:

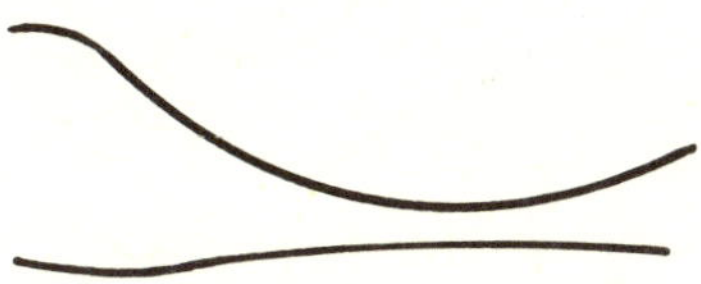

Die graphische Darstellung der Verehrung *gleicht* der Verehrung*:

Die essentische Form scheint sich von Kultur zu Kultur und auch zwischen den Geschlechtern kaum voneinander zu unterscheiden. Angehörige verschiedener Kulturkreise, die von Clynes getestet wurden – Amerikaner, Mexikaner, Japaner, Balinesen –, weisen ebenso wie Männer und Frauen eine erstaunliche Gleichförmigkeit ihrer Reaktionen auf. Man kann Menschen auch nicht beibringen oder sie konditionieren, die essentischen Formen zu vertauschen. Eine Stechbewegung kann nicht an die Stelle einer Liebkosung treten, wenn es darum geht, Liebe auszudrücken, und umgekehrt. Jeder Versuch, jemandem solch perverse Ausdrucksformen beizubringen, scheint die Fähigkeit, etwas zu fühlen, völlig zu blockieren. Eine Emotion, die »im Geist« erlebt zu werden scheint, realisiert sich in Gesten und Bewegungen der Muskeln, in der Atmung und der Stimme. Die Unterdrückung von Gesten bewirkt die Unterdrückung von Gefühlen. Wenn wir dazu angehalten werden, beispielsweise den Ausdruck von Kummer zu blockieren, dann ersticken wir damit die Lebenskraft selbst.

Die lebhafte Vorstellung von Wut oder Liebe oder Freude macht es möglich, die essentische Form des betreffenden Gefühls auszudrücken. Dieser Mechanismus wirkt auch in der Gegenrichtung. Wenn man essentische Form durch Gesten ausdrückt – selbst durch eine so ein-

* Abbildungen nach Dr. Manfred Clynes, *Sentics: The Touch of the Emotions*, Garden City, New York, 1977, S. 35 ff., 93 f.

fache Handlung wie einen Knopfdruck –, so erhöht sich dadurch die Intensität des Gefühls und ruft signifikante Veränderungen der Herzschlaggeschwindigkeit und der Atmung hervor. Von dieser Erkenntnis ausgehend, entwickelte Clynes eine Übung, die darin besteht, die sieben primären Gefühlszustände in einer bestimmten Reihenfolge unter Einsatz der Vorstellungskraft und des Fingerdrucks durchzugehen. Die Absicht könnte als therapeutisch oder besser noch als verwandelnd bezeichnet werden. Folgt man den auf Tonband aufgezeichneten Anweisungen, kann man einen »Gefühlszyklus« in 30 Minuten absolvieren, wobei die potentielle positive Wirkung von kathartischer Entladung bis zu gesteigerter Kreativität reicht. Ich habe diese Zyklen beim Unterricht in meiner Aikido-Schule mit gleichbleibend guten Ergebnissen verwendet.

Die essentische Form findet jedoch in der Musik ihren höchsten Ausdruck. Und auf diesem Gebiet hat Clynes die in meinen Augen aufregendste Entdeckung gemacht. Die Musik ist ein ideales Medium für den Ausdruck von Gefühlen. Wie Mendelssohn aufgezeigt hat, kann Musik nicht in Worten ausgedrückt werden, nicht weil sie vage ist, sondern weil sie *präziser* ist als Worte. Eine große musikalische Darbietung ist eine Art Exerzitium in der präzisen und exquisiten Kommunikation von Gefühlen. Musik kommt nicht durch Routine zustande. Damit die Zuhörer die Emotion in einer musikalischen Phrase empfinden, muß auch der Ausführende sie fühlen, im Geist, im Körper und in der Seele. Übertreibung, Koketterie, Verfälschung werden vom urteilsfähigen Zuhörer sofort durchschaut.

Große Musik zeichnet sich durch noch etwas aus. Sie scheint, wie ich angedeutet habe, die Stimme des Komponisten zu enthalten; sie evoziert seine persönliche Präsenz. Clynes erinnert uns daran, daß man nicht eine Tonfolge von Mozart nehmen und sie in ein Stück von Beethoven einbauen kann, ohne über den Rhythmus zu stolpern. Wir scheinen es mit zwei ausgeprägten und ganz unterschiedlichen musikalischen Pulsschlägen zu tun zu haben.

Auf der Suche nach einem Meßverfahren für diesen zugrunde liegenden Pulsschlag lud Clynes bekannte Dirigenten und Solisten ein, berühmte Werke in seinem Labor zu »dirigieren«. Sie taten dies einfach, indem sie das jeweilige Werk in Gedanken hörten und dabei immer wieder den Knopf von Clynes' Sentographen drückten. Die Dirigenten dachten beispielsweise an Stücke von Beethoven und brachten jedes Stück etwa fünzigmal durch einen Knopfdruck zum Ausdruck. Der Computer ermittelte den Durchschnitt ihrer Reaktionen und druckte die resultierende Kurve aus. Ob es sich bei dem Dirigenten um Casals, Serkin, Perahia oder Clynes handelte, ob sie an den zweiten Satz von Opus 13 oder den 3. Satz von Opus 118 dachten, Beethovens musikalische Signatur sah so aus:

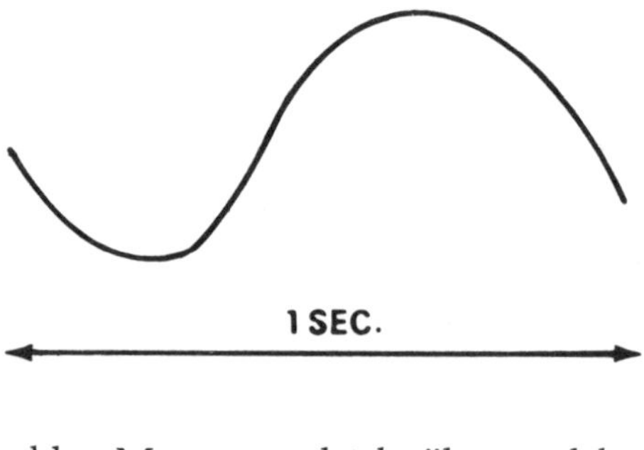

Der Pulsschlag Mozarts – gleichgültig, welcher Dirigent und welches Werk getestet wurden – drückte sich ganz anders und ebenso unverwechselbar aus:

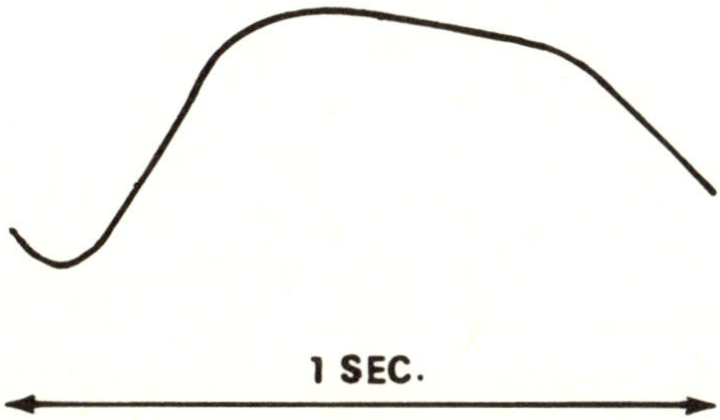

Clynes spürte auch dem inneren Pulsschlag, wie er es nannte, in der Musik anderer Komponisten nach. Dieser erwies sich auch über zeitliche und räumliche Abstände hinweg als bemerkenswert stabil. Ebenso wie die Farbe Rot »hat die Persönlichkeit, die Beethoven in seiner Musik enthüllte, eine prägnante Existenz, die fortlebt. Diese Stabilität ist nicht das Ergebnis einer ›Tradition‹ oder eines ›Stils‹. Mozart und Haydn weisen sehr unterschiedliche Formen des inneren musikalischen Pulsschlags auf! Dasselbe gilt für Debussy und Ravel.«*

Ebenso wie ein Fingerabdruck, ein Stimmabdruck, eine Unterschrift oder ein Chromosom ist der innere Pulsschlag ein Ausdruck der Identität. Clynes' Untersuchungen des inneren Pulses haben sich auf das Gebiet der Musik beschränkt. Aber wenn der innere Puls anderen essentischen Formen gleicht, dann muß er zahllose Ausdrucksmodalitäten haben, nicht bloß eine musikalische. Wir können somit sagen, daß Thomas Wolfe seinen inneren Puls durch den Rhythmus und die Macht seiner Worte ausdrückt und daß seine lebendige Präsenz aus einem abgegriffenen Buch ebenso spürbar wird wie die Beethovens aus einer abgenutzten Schallplatte.

Clynes' Werk erhebt keinen Anspruch auf Endgültigkeit, aber es läßt den Schluß zu, daß jeder von uns seine

* Clynes, *Sentics,* a. a. O., S. 94.

eigene innere Rhythmik besitzt; sie wäre ein wesenhafter Aspekt unseres Seins, der sich äußert, ob wir nun gehen, sprechen, singen, schreiben, jemandem die Hand schütteln, Golf spielen, einen Liebesakt vollziehen – eine Eigenschaft, die noch nicht gemessen wurde, aber der Identifizierung und Messung harrt. Vielleicht ist es das, was auf geheimnisvolle Weise anzieht oder abstößt, was uns auf einer tieferen Ebene identifiziert als die Gesichtszüge. So gesehen kann eine leichte Berührung die inneren Antriebe des Geistes und der Seele verraten, und es ist mehr als bloße Irrationalität, was bewirkt, daß wir uns beim Tanzen Hals über Kopf in jemanden verlieben.

Jeder Teil, jeder Aspekt drückt auf irgendeine Weise das Ganze aus. Deshalb kommt dem inneren Pulsschlag eine besondere Bedeutung zu. Denn er stellt vielleicht die Summe aller Schwingungen, all jener ineinandergreifenden Wellen dar, die ein menschliches Individuum konstituieren.

Die Frage der persönlichen Identität hat Philosophen oft geradewegs in die Falle des Leib-Seele-Dualismus geführt. »Würde die Seele eines Prinzen«, schrieb John Locke, »welche das Bewußtsein von dessen vergangenem Leben in sich trägt, in den Körper eines Schusters schlüpfen und dessen Geist erleuchten, sobald diesen seine eigene Seele verlassen hat, dann sähe jeder, daß er dieselbe *Person* ist wie der Prinz und für die Handlungen des Prinzen verantwortlich.« Wie in dieser Rätselgeschichte ist das Problem des Identitätswechsels immer unter dem Aspekt von Geist oder Gedächtnis auf der einen und Leib auf der anderen Seite gesehen worden, wobei der Geist im allgemeinen als das primäre Kriterium betrachtet wurde. Aber wenn wir ein menschliches Individuum als eine Serie rhythmischer Schwingungsmuster oder Wellenfunktionen ansehen, die zu einer einzigen Wellenfunktion, dem inneren Pulsschlag, zusammengefaßt werden können*, dann löst sich der Dualismus von Leib und Seele auf. Der Leib kann dann als eine Manifestation des inneren Pulsschlags mit seinen verschiedenartigen Rhythmen bis hin zum materialisierten Rhythmus der Fingerabdrücke, die aus der unverwechselbaren Wellenfunktion erwachsen, gesehen werden. Der Geist als Gedächtnis wird als eine weitere Manifestation betrachtet. Somit ist die Trennung von Leib und Seele sowohl theoretisch als auch praktisch unmöglich.

Diesen Überlegungen zufolge ist in der Tat der innere Pulsschlag dasjenige Element, welches sich auf der fundamentalsten Ebene als stabil und dauerhaft erweist: Er stellt die unverwechselbare Identität dar, die als eine Vielzahl identifizierender Charakteristika in die Welt hinausdrängt. Wenn der Körper somit eine Manifestation des inneren Pulsschlags ist, dann gilt dies auch für die Felder in und um diesen Körper herum, sowohl für die wissenschaftlich nachweisbaren elektromagnetischen bzw. elektrostatischen Felder als auch für die noch umstrittenen »Auren«, wie etwa den »Astralleib«, usw. Wenn der Geist als Gedächtnis eine Manifestation des inneren Pulsschlags ist, so gilt dies auch für den Geist als Intellekt. Und die Spanne eines ganzen Lebens würde sich, wenn wir über unsere Intuition hinaus auch Mittel hätten, sie aufzuzeichnen, als von einem unverwechselbaren Schwingungsmuster gekennzeichnet erweisen, einem Muster, das nach dem Absterben des Körpers keinesfalls erlischt, sondern in dem nie endenden Geflecht rhythmischer Beziehungen, die ein sinnvolles Universum ergeben, fortlebt. Und in diesem Leben würde, falls es so

* Dieser innere Pulsschlag ist in toto natürlich weitaus reichhaltiger als das Element, das in den Werken der klassischen Komponisten seinen Ausdruck findet.

etwas wie eine außerkörperliche Erfahrung gibt, diese körperlose Entität zweifellos eine Funktion desselben wesenhaften Pulsschlags sein, wie der des physischen Leibes. Und Geist oder Seele, was auch immer über Werke und Gedächtnis hinaus fortlebt, würden ebenso in jener Eigenschaft der Identität subsumiert sein, die sich im unverwechselbaren Rhythmus ausdrückt.

Wir können somit die persönliche Identität als einzigartig, nicht weiter reduzierbar und unwiderruflich betrachten – als eine der wesenhaften Eigenschaften des Seins. Es gibt eine weitere Eigenschaft, welche die Identität in eine paradoxe Beziehung einbindet, der, wenigstens potentiell, fast unbegrenzte Macht innewohnt. Diese Eigenschaft – ich werde sie als »Holonomie« bezeichnen – ist noch merkwürdiger und geheimnisvoller als die Identität.

6
»Holonomie«: Das Gewebe der Existenz

Keine einzelne Sichtweise der Welt garantiert uns die Entschlüsselung ihrer Geheimnisse. Jeder Blickpunkt offeriert seine eigene Wahrheit, fördert neue Schönheit und Zweckmäßigkeit ans Licht und schafft neue Rätsel und Widersprüche. Die Newtonsche Wissenschaft bot eine stabile Grundlage, auf der die moderne westliche Zivilisation errichtet werden konnte. Aber dann nahm das 20. Jahrhundert eine Revision vor und entdeckte, daß das Newtonsche System nur ein Spezialfall in einem größeren Zusammenhang ist. Nach der Relativitätstheorie ist weder der Raum unveränderlich noch ist die Zeit gleichförmig. Vorstellungen des »gesunden Menschenverstandes« über Ursache und Wirkung werden durch die Quantentheorie außer Kraft gesetzt, und inzwischen sieht es so aus, als könnte man Objekte eher durch ihre Beziehungen als durch irgendwelche unabhängigen feststehenden Eigenschaften identifizieren.

Ich habe bisher in diesem Buch eine Variation dieses Themas präsentiert und dabei die Welt in erster Linie unter dem Aspekt rhythmischer Felder dargestellt, deren zutreffendste Metaphern vielleicht die Musik und der Tanz sind. Ich habe die Auffassung vertreten, daß eine individuelle menschliche Identität sich als unverwechselbarer innerer Pulsschlag äußern könnte. Ich habe dargetan, daß der Körper – die Knochen, das Fleisch und alles, was dazugehört – letztlich Leere und Rhythmus sei. Und ich habe die Sinne als ein Mittel zur Verbindung der organisierten Schwingungsfelder, die wir das Selbst nennen, mit allen Schwingungsrhythmen der Welt und zur Umwandlung dieses Materials in das Bild oder die Projektion, die wir als Realität bezeichnen, behandelt. Nunmehr möchte ich die Möglichkeit untersuchen, daß unsere Verbundenheit mit der Welt über den Bereich des sinnlich Erfahrbaren hinausgeht; daß sie in unsere Struktur als solche bereits eingebaut ist. Diese Erkundung beginnt bei einem hartgesottenen, drahtigen Iren namens Pat Price.

Ich lernte Pat Price im Oktober 1973, auf dem Höhepunkt des israelisch-ägyptischen Yom-Kippur-Krieges kennen. Wir trafen uns am Stanford Research Institute (SRI), einer großen privat finanzierten Organisation in der Nähe der Stanford Universität in Kalifornien. Das SRI führt Forschungsarbeiten auf den verschiedensten Gebieten im Auftrag der Regierung und der Industrie durch. Ich war dort, um einem Experiment mit hellseherischen Fähigkeiten beizuwohnen. Price war einer der Probanden in diesem Experiment. Der Zufall wollte es, daß wir fast einen ganzen Vormittag und das Mittagessen miteinander verbrachten und uns in diesen Stunden über die bemerkenswerten Fähigkeiten unterhielten, die er zu besitzen behauptete.

Dabei möchte ich hervorheben, daß Pat Price kein versponnener, geheimnistuerischer Typ war. Er war Polizeikommissar und Stadtrat in Burbank, Kalifornien, gewesen und redete in dem nüchternen Stakkatorhythmus eines alten irischen Polizisten. Gleich zu Beginn unseres Gesprächs stellten wir fest, daß wir beide während des Zweiten Weltkriegs an der Front gewesen waren. Er erzählte mir, daß er mit der B-25 Tiefflugeinsätze geflogen habe. Ich berichtete, daß ich auf der B-25 als Ausbilder tätig gewesen war und dann im Südwestpazifik Tiefflugeinsätze in der A-20 geflogen hatte. Price meinte, es würde mich vielleicht interessieren, was er in den letzten Tagen gemacht habe: »Ich bin mit israelischen Piloten Einsätze geflogen«, eröffnete er mir. »Ich habe direkt hinter ihnen im Cockpit gesessen. Es ist ein verteufelter Krieg.«

Er beschrieb mehrere Einsätze im Detail – einen Angriff auf Öltanks, mehrere Kampfeinsätze gegen ägyptische Panzer –, all das war er »geflogen«, während er sich in der Umgebung des SRI aufhielt. »Verdammt, das ist nicht viel anders als das, was wir damals in der B-25 gemacht haben. Der Boden kommt schneller auf dich zu und du feuerst Raketen ab statt Bordkanonen. Aber im Grunde ist es dasselbe.« Ich befragte ihn über die Flugeigenschaften des Phantom-Jägers und fand mich bald in eine detaillierte technische Diskussion über Instrumente, Kontrolldruck und Flak-Beschuß verwickelt.

»Du spürst die Turbulenz, wenn du durch den Rauch der Explosionen fliegst«, sagte er. »Einmal, als wir eben einen Panzer im Visier hatten, war da eine große Rauchwolke, und der Pilot konnte den Panzer nicht mehr sehen, aber ich habe ihn gesehen. Ich gab ihm einen Stoß und er feuerte die Rakete ab. Wir haben den Panzer erwischt.«

Price erklärte, daß er sich in Zeit und Raum hinbegeben könne, wo er wolle, und daß er entfernte Ereignisse mit großer Klarheit »sehen« könne. »Jeder könnte das«, versicherte er mir, »aber, sehen Sie, die erste Regel, mit der wir uns einverstanden erklären, bevor wir zur Welt kommen, ist, daß wir dieses ganze Wissen vergessen müssen. Ich bin einer von den Typen, die sich nicht an diese Regel halten.«

Prices Selbstsicherheit und sein Detailwissen beeindruckten mich. Aber ich blieb skeptisch, insbesondere bei seiner Schilderung, wie er einem israelischen Piloten geholfen habe, einen Panzer abzuschießen. Und tatsächlich stellte sich heraus, daß seine hellseherische Fähigkeit unter den streng kontrollierten Bedingungen des wissenschaftlichen Versuchs nicht so einwandfrei funktionierte, wie er behauptet hatte. Bei einem Versuch meinte er beispielsweise, in einem entfernten Zielgebiet befänden sich zwei Klärbecken, während es sich in Wirklichkeit um zwei Schwimmbecken handelte. Dennoch erzielte er bei den neun für das Experiment ausgewählten Testgebieten sieben »direkte Treffer«.

Price war einer von sechs Probanden, die in der ersten am SRI durchgeführten Versuchsreihe mit hellseherischen Fähigkeiten getestet wurden. Die Versuchsleiter, Harold E. Puthoff und Russell Targ, wußten, daß wie bei allen Experimenten mit übersinnlichen Kräften ihre Verfahren und Kontrollmaßnahmen von Kritikern zerpflückt werden würden. Genau das geschah seit der Veröffentlichung ihrer Ergebnisse in *Proceedings of the Institute of Electrical and Electronic Engineers* vom März 1976. Aber jeder Einwand wurde zu meiner Zufriedenheit widerlegt. Was noch schwerer wiegt, die Versuchsreihe des SRI wurde inzwischen durch andere Forschungsorganisationen unabhängig voneinander mehrmals wiederholt und stellt heute eine der ernstestzunehmenden Herausforderungen der konventionellen westlichen Auffassung von den menschlichen Fähigkeiten dar.*

Das Experiment verläuft kurz gesagt folgendermaßen: Pat Price (um ihn als Beispiel zu nehmen) wird mit Russell Targ in einen elektronisch abgeschirmten Raum des SRI eingeschlossen und wartet dort eine halbe Stunde, bis er mit der Beschreibung des entfernten Zielgebietes

* Siehe Harold E. Puthoff und Russell Targ, »A Perceptual Channel for Information Transfer over Kilometer Distances: Historical Perspective and Recent Research«, *Proceedings of the IEEE*, 64:3, März 1976, S. 329 ff.

beginnt. Sobald sie sich in diesem Raum befinden, begibt sich Harold Puthoff in das Büro eines leitenden SRI-Angestellten und erhält von ihm einen versiegelten Umschlag, der die Wegbeschreibung zu einem Zielpunkt enthält. Dieser Angestellte hat vorher hundert solcher Zielpunkte ausgewählt und die Anfahrtswege beschrieben. Er trägt die Verantwortung dafür, daß diese Zielpunkte bis zum Versuch geheim bleiben. Die versiegelten Umschläge sind von ihm durcheinandergemischt worden. Puthoff erhält nun von ihm einen dieser Umschläge. Er geht damit zu seinem Auto und öffnet ihn dort. Von einem zweiten SRI-Angestellten begleitet, fährt er nun zu dem Zielpunkt. Für die Anfahrt zum Ziel sind dreißig Minuten vorgesehen, anschließend halten sich die beiden fünfzehn Minuten am Ziel auf.

Targ, der Versuchsleiter, welcher bei Pat Price zurückgeblieben ist, kennt weder das ausgewählte Ziel noch die übrigen Zielpunkte. Während der Viertelstunde, in der sich Puthoff am Zielpunkt aufhält, beschreibt Price dem Versuchsleiter Targ, was er an Puthoffs Zielort »sieht«, und fertigt auf Wunsch auch Zeichnungen an. Das Gespräch wird auf Band aufgezeichnet und anschließend abgeschrieben. Später wird Price zu einem Gespräch über die Einzelheiten und um sich über die dortigen Gegebenheiten durch Augenschein informieren zu können, an den Zielort geführt.

Nach Abschluß der neun Hellseh-Experimente, denen sich Price unterzieht, werden die Gesprächsaufzeichnungen und die Skizzen einem Wissenschaftler des SRI übergeben, der im übrigen keine Verbindung mit dem Projekt hat. Der Wissenschaftler begibt sich an die neun Zielorte und stuft die Zielbeschreibungen und Zeichnungen nach ihrer Treffsicherheit auf einer Skala von 1 bis 9 ein. Da weder der Proband noch der auswertende Wissenschaftler die richtigen Antworten kennen, handelt es sich bei diesem Vorgehen um einen Doppelblindversuch.

Im Falle von Price verzeichnete der Wissenschaftler, wie wir gesehen haben, bei sieben von neun Zielpunkten perfekte Treffer und bewertete die beiden restlichen Beschreibungen mit einem dritten und einem sechsten Platz. Die Wahrscheinlichkeit, solche Treffer durch Zufall zu erzielen, ist 1:29 000. Zur Überprüfung dieser Ergebnisse wurde eine Gruppe von fünf weiteren SRI-Wissenschaftlern, die nichts mit dem Projekt zu tun hatten, aufgefordert, die Beschreibungen und Zeichnungen den neun Zielpunkten zuzuordnen. Auch dieses Bewertungsverfahren ergab hochsignifikante Resultate.

Puthoff und Targ testeten sechs weitere Probanden in derselben Weise. Drei von ihnen einschließlich Pat Price hatten Erfahrung im Hellsehen, während drei andere als »Anfänger« klassifiziert wurden, das heißt, diese Fähigkeit noch nie erprobt hatten. Einer der Anfänger, eine Fotografin namens Hella Hammid, erzielte noch bessere Resultate als Price. Der auswertende Wissenschaftler identifizierte fünf ihrer Beschreibungen als richtig und gab den anderen vier je einen zweiten Platz, was einer Wahrscheinlichkeit von 1:180 000 entspricht. Die anderen beiden erfahrenen Probanden erzielten ebenfalls ausgezeichnete Resultate, während die zwei übrigen Anfänger mit ihren Ergebnissen nur geringfügig über der statistischen Wahrscheinlichkeit lagen. Eine der Anfängerinnen erkannte jedoch vier Minuten nach Beginn ihres ersten Versuchs den Zielort und identifizierte ihn namentlich. Ein Auszug aus dem unredigierten Transkript gibt ein Gefühl des Vorganges. Phyllis Cole ist die Versuchsperson und Russell Targ ist der Experimentator, mit dem sie spricht. Es sei nochmals darauf hingewiesen, daß Targ keine Ahnung hat, um welchen Zielort es sich handelt.

TARG: Können Sie sich darauf konzentrieren, wo er (Puthoff) steht und was er anschaut?

COLE: Ich hatte das Gefühl, daß er etwas berührt, etwas Rauhes. Vielleicht warm und rauh. Vielleicht etwas wie Beton.

TARG: Es ist 24 Minuten nach 11. (Der Hellsehversuch begann um 11 Uhr 20). Können Sie Ihren Standort wechseln und sich in der Szene bewegen, damit Sie ein größeres Bild von dem bekommen, was dort ist?

COLE: Ich sehe immer noch einige Bäume und so etwas wie Asphalt. Vielleicht einen Hof. Was mir dabei einfiel, war, daß es einer der Plätze im Campus von Stanford oder etwas Ähnliches sein könnte, Beton ... Irgendeine Parkanlage ... Ich sagte Stanford Campus, als ich irgendwelche Dinge auf der White Plaza zu sehen begann, aber ich glaube, das ist irreführend ... Ich habe das Gefühl, daß er nicht viel herumgeht. Daß alles auf engem Raum begrenzt ist ... Ich glaube, ich riskiere es einfach und sage es, aber ich fürchte, daß ich einfach meine Eindrücke vom Stanford Campus wiedergebe. Ich hatte den Eindruck, daß da ein Springbrunnen sei. Auf der Plaza gibt es zwei und es schien mir, daß sich Hal möglicherweise in der Nähe der Mem Claw befindet.

TARG: Was ist das?

COLE: Das ist ein Springbrunnen, der ein bißchen wie eine Klaue (Claw) aussieht. Es ist eine schwarze Skulptur. Und ringsherum sind Bänke aus Beton.

Wie sich herausstellte, stimmte alles, was Phyllis Cole sagte, ganz genau.

Bei diesen und anderen Versuchen haben Puthoff und Targ bestimmte Beobachtungen gemacht. Die Resultate sind im allgemeinen besser, wenn die Probanden Gestalt, Form, Farbe und Material beschreiben, als wenn sie versuchen, das, was sie sehen, zu analysieren oder zu benennen. Ihre Zeichnungen geben häufig bessere Anhaltspunkte als ihre Worte. Merkwürdigerweise werden bewegte Objekte an den entfernten Orten – beispielsweise ein Zug, der über ein Eisenbahnviadukt fährt – selten erwähnt. Dennoch sind die Versuchspersonen imstande, ihren Blickwinkel so zu verändern, daß sie Dinge »sehen«, die für den Beobachter an Ort und Stelle nicht sichtbar sind. Die Entfernung scheint keine signifikante Auswirkung auf die Resultate zu haben, ebensowenig das Vorhandensein oder Fehlen elektronischer Abschirmung.

Es ist, als ob die Versuchspersonen Elemente der Szene erfassen können, die in Sichtweite des persönlich anwesenden Beobachters sind, und noch einige darüber hinaus. Die Details sind jedoch oft unscharf oder fehlen ganz. Man denkt dabei unwillkürlich an eine Fotografie, auf der die einzelnen Objekte verschwommen erscheinen – und dieser Gedanke wird bei unseren Spekulationen, wie die Fernwahrnehmung funktionieren könnte, eine Rolle spielen.

Zunächst müssen wir uns jedoch mit der erstaunlichsten Entdeckung des Projekts befassen. Im Laufe der Versuche teilten die Probanden dem mit ihnen am SRI zurückbleibenden Leiter gelegentlich mit, daß bereits vor Beginn des Experiments Bilder des Zielortes vor ihrem inneren Auge aufgetaucht seien. In zwei Fällen waren diese vorausschauenden Schilderungen außerordentlich zutreffend. Dies bewog Puthoff und Targ, einen Versuch zu planen, bei dem es um Wahrnehmungen über zeitliche wie auch räumliche Distanzen hinweg ging.

Der Versuch wurde so angeordnet, daß die Probandin, es handelte sich um Hella Hammid, ihre Beschreibung 5 Minuten vor Auswahl des Zielortes und 20 Minuten vor dem Eintreffen des Beobachters am Zielort beendete.

Strikte Kontrollen sorgten dafür, daß keine Informationen durchsickern konnten. Vier solche Tests wurden durchgeführt, und dabei wurden die bisher besten Resultate erzielt. Hella Hammids Beschreibungen der Orte, die Hal Puthoff *anschließend* aufsuchte, waren lückenlos und überzeugend. Drei unabhängige Bewerter ordneten alle vier Beschreibungen den richtigen Zielorten zu.

In ihrem Bericht gestanden Puthoff und Targ, daß sie zögerten, diese Resultate zu veröffentlichen, »weil sie mit unseren bestehenden Vorstellungen weitgehend unvereinbar erscheinen«. Sie entschlossen sich schließlich dazu aufgrund der, wie sie es nennen, »ethischen Überlegung, daß die Theoretiker, welche Modelle für übersinnliche Phänomene zu entwickeln suchen, alle beobachtbaren Daten zur Verfügung haben sollten«. Gleichzeitig wiesen sie darauf hin, daß keines der physikalischen Grundgesetze die Übermittlung von Informationen aus der Zukunft in die Gegenwart ausschließe. Mathematisch gesehen kann die bekannte Feldgleichung für elektromagnetische Felder nicht bloß für eine zurückliegende Zeit, sondern auch für eine künftige Zeit gelöst werden, was impliziert, daß ein Feld (wie beispielsweise ein Rundfunksignal) theoretisch beobachtet werden kann, *bevor* es von seiner Quelle erzeugt wurde. Dadurch würde sich natürlich die uns vertraute Abfolge von Ursache und Wirkung umkehren, was unserem gesunden Menschenverstand nicht einleuchten will. Aber in der phantastischen Welt der modernen Physik sind schon ausgefallenere Dinge vorausgesagt und später verifiziert worden.

In der Tat wenden sich Puthoff und Targ (die selbst Physiker sind) an theoretische Physiker, um mögliche Erklärungen für die in den Versuchen enthüllten Phänomene zu erhalten. Eine ursprünglich von einem sowjetischen Wissenschaftler vorgetragene Hypothese besagt, daß Wellen extrem niedriger Frequenz die für die Fernwahrnehmung nötigen Informationen übermitteln. Es gibt in der Tat sogenannte »Schumannwellen« von 7,8 Hertz, die in der Lufthülle zwischen der Erdoberfläche und der mehrere hundert Kilometer entfernten Ionosphäre schwingen. Dies fällt in den Frequenzbereich der Thetawellen des Gehirns und des musikalischen Vibrato. Es könnte somit sein, daß Schumannwellen manchmal mit den Schwingungen menschlicher Gehirne »gekoppelt« werden und diese über eine Entfernung hinweg miteinander verbinden. Bei einer solchen Verbindung würde es sich um eine Form der Resonanz und nicht der Strahlung handeln, was bedeutet, daß die Signalstärke nicht in der üblichen Weise mit zunehmender Entfernung abnehmen würde. Diese Wellen von äußerst niedriger Frequenz würden auch nicht durch elektronische Abschirmung blockiert werden. Das Problem ist, daß Wellen, die so langsam schwingen, in einer bestimmten Zeitspanne nur sehr wenige Informationen übermitteln können, vielleicht nicht genug, um die detaillierten Beschreibungen zu erklären, die manche der hellseherischen Probanden lieferten.

Einleuchtendere Erklärungen ergeben sich aus neueren Interpretationen der Quantentheorie. Viele Physiker haben sich inzwischen die Auffassung zu eigen gemacht, daß es immer signifikante Verbindungen zwischen dem Beobachter und dem Beobachteten, zwischen dem Bewußtsein und der Umwelt geben müsse. Es steht fest, daß sich die Beobachtung auf die Mikrowelt der Elektronen, Protonen usw. auswirkt. Die Position oder den Impuls eines Elektrons präzise zu beobachten heißt, seine Position oder seinen Impuls zu verändern. Etwas Ähnliches scheint auch für die größeren Dimensionen zu gelten. In den Worten des namhaften Physikers der Princeton Universität, John Wheeler: »Ich glaube, daß wir durch unseren eigenen Akt des bewußten Auswählens und Stellens von Fragen über das Universum bis zu einem gewissen Grad das hervorbringen, was vor unseren Augen geschieht.«*

Die Quantentheorie deutet nicht nur auf Verbindungen zwischen dem Bewußtsein und der Umwelt hin, sondern auch zwischen allen Partikeln des Universums. Eine Formulierung des Physikers J. S. Bell aus dem Jahre 1964, als Bells Theorem bekannt, hebt hervor, daß »keine Theorie der Realität, die mit der Quantentheorie kompatibel ist, davon ausgehen kann, daß räumlich getrennte Ereignisse voneinander unabhängig sind«; vielmehr müsse eine wechselseitige Verbundenheit entfernter Ereignisse in Rechnung gestellt werden, die der gewöhnlichen Erfahrung widerspreche.

All dies läuft darauf hinaus, so schwer dies auch zu verstehen sein mag, daß Geist und Materie einander beeinflussen können und dies auch tun, daß alles, was überall geschieht, irgendwie miteinander zusammenhängt und daß vielleicht das Bewußtsein Gottes vom Fall des Sperlings letztlich tatsächlich ein Faktum ist. Die Frage bleibt: Selbst wenn alles miteinander verbunden ist, durch welchen Sinn oder welches sensorische System können wir diese Verbindung erfahren? Oder können wir Dinge und Ereignisse »spüren«, keinesfalls durch unsere Sinne, sondern mittels unserer eigenen inneren Strukturen? Um dieser Möglichkeit nachzugehen, möchte ich einige Seiten darauf verwenden, um ein Verfahren namens Holographie zu beschreiben.

* Siehe »The Princeton Galaxy«, Interviews von Florence Helitzer, *Intellectual Digest*, Juni 1973, S. 32.

In jedem menschlichen Leben gibt es Augenblicke plötzlicher Erleuchtung. Manche sind markerschütternd, wenn sie zum Beispiel die Aufbietung aller Kräfte oder eine Begegnung mit dem Tod beinhalten. Andere sind weniger extrem: eine neue Idee, die Entdeckung eines Steinchens, welches das Puzzle vervollständigt. Als ich zum ersten Mal etwas über das Hologramm hörte, war dies für mich ein solcher Augenblick. Der Gedanke tauchte in einem Artikel des *Scientific American* vom Juni 1965 über ein völlig neues fotografisches Verfahren auf.* In diesem Verfahren wird das zu fotografierende Objekt mit Laserlicht bestrahlt. Im Unterschied zu gewöhnlichem Licht ist das Laserlicht kohärent; d. h. seine Wellenfronten bewegen sich gleichphasig. Wenn diese Wellen auf das Objekt treffen, werden sie von jedem Punkt des Objekts als sphärische Wellen zurückgeworfen, die die Form des Objekts wiedergeben. Die sphärischen Wellen sind wie die konzentrischen Wellen, die in einem stehenden Gewässer auftreten, bloß sind sie dreidimensional statt zweidimensional. Diesen Wellen wird ein unbelichteter Film ausgesetzt; weder Linse noch Kamera sind nötig. Der Film wird auch einem Referenzstrahl ausgesetzt – Licht vom Laser, das von einem Spiegel statt von dem zu fotografierenden Objekt zurückgeworfen wird. Die Wechselwirkung der von verschiedenen Quellen ausgehenden Lichtwellen auf dem Negativfilm produziert ein Interferenzmuster, das Ähnlichkeit mit den wechselnden Mustern von Hell und Dunkel hat, die man sieht, wenn man zwei Maschengitter in einem unterschiedlichen Winkel hintereinander setzt.

Ist der Film entwickelt, so zeigt er nichts, was Ähn-

* Emmeth N. Leith und Juris Upatnicks, »Photography by Laser«, *Scientific American*, Juni 1965, S. 24 ff.

lichkeit mit dem fotografierten Objekt hätte. Vielmehr enthält er einen »Mischmasch aus Flecken, Punkten und Linien« wie eine Kollektion vergrößerter Fingerabdrücke. Es ist nämlich folgendes geschehen: Alle Wellenfronten von Licht, die von dem Objekt abstrahlten, sind auf dem Film festgehalten worden und ergeben ein *Hologramm.*

Wie kann man nun aus dem Liniengewirr auf dem Film ein Bild erhalten? Einfach indem man einen Laserstrahl hindurchschickt. Die festgehaltenen Wellen werden freigesetzt, und das Bild des ursprünglichen Objekts wird rekonstruiert: Es scheint vollkommen dreidimensional in der Luft zu hängen. De facto ist das Bild sogar noch besser als bei einer gewöhnlichen 3-D-Fotografie. Wenn man den Kopf beim Anschauen hin und her bewegt, kann man um die Dinge *herum*sehen und dadurch Teile der Szene erfassen, die sonst verborgen bleiben würden. Das Hologramm, dieses Gewirr von Linien und Punkten, enthält erheblich mehr Informationen als eine konventionelle Fotografie.

Aber es kommt noch schöner – und dieses Faktum versetzte mich im ersten Augenblick geradezu in Entzükken: Wenn ein Hologramm mitten durchgeschnitten wird, ist das *gesamte* Bild in beiden Hälften enthalten. Dasselbe gilt, wenn diese Hälften nochmals halbiert werden und so weiter bis hin zum kleinsten Fragment. Jeder Teil des Hologramms, ganz egal wie klein er ist, kann das ganze Bild reproduzieren, wenn er durch Laserlicht erhellt wird. Je kleiner die Stücke werden, desto verschwommener ist das rekonstruierte Bild allerdings. Die *Auflösung* geht verloren. Aber das ganze Bild ist da. Diese wundersame Eigenschaft ist durch die Tatsache zu erklären, daß jeder Punkt auf dem Hologramm Licht von allen Teilen des Objekts erhält und daher in chiffrierter Form das gesamte Bild enthält.

Daß ein Ding in seiner Gesamtheit in jedem seiner Teile enthalten sei, ist keinesfalls ein neuer Gedanke. Wie wir gesehen haben, drückt sich die Essenz einer ganzen Person in bestimmten ihrer Teile aus – Fingerabdruck, Stimmabdruck, Atmungsmuster, innerer rhythmischer Pulsschlag. Darüber hinaus enthält die DNS im Kern jeder Zelle den Bauplan für den ganzen Körper. Aber die Idee des Alles-in-Einem, die sich im Hologramm manifestiert, geht noch einen Schritt weiter. Sie entspricht eher der hinduistischen Vorstellung des »Juwelennetzes«, in dem jedes Juwel jeden Teil des Universums, jedes andere Stück widerspiegelt. Das erinnert an die oft zitierte hinduistische Formel *tat tvam asi* (»Das bist Du«), was bedeuten soll, daß Gott oder der Seinsgrund in der ganzen Schöpfung einschließlich des individuellen Selbst immanent ist und daß dieses Einssein mit Hilfe spiritueller Schulung unmittelbar erfahrbar ist. In der Tat versicherten die Mystiker jeder großen religiösen Tradition, ob es sich nun um Hinduismus, Buddhismus, Islam, Judentum oder Christentum handelt, daß jeder Teil des Universums in gewissem Sinn das Ganze enthalte. So schrieb der christliche Mystiker William Blake:

Willst eine Welt du schaun' in einem Korn von Sand,
In einer wilden Blume einen Himmel sehn,
So fasse die Unendlichkeit in einer Hand
Und laß in einer Stund' die Ewigkeit vergehn.

Unser »gesunder Menschenverstand« sträubt sich bei der Vorstellung, daß jedes der vielgestaltigen Fragmente der natürlichen Welt – Sandkörnchen, Samenkorn, Blatt, Stein, Mensch – tatsächlich das gesamte Universum *enthalte.* Dennoch ist dies vielleicht die zwingendste Erkenntnis, die denjenigen zuteil wurde, welche die höchsten Zustände der Kontemplation erreichten. Mit dem Hologramm folgt die Wissenschaft wieder einmal den Spuren der Mystiker und bietet uns ein modernes Werkzeug, das zur Erklärung einer uralten Wahrheit beiträgt.

Seit 1965 hat sich die Holographie weiterentwickelt und expandierte in viele Richtungen. Wie sich herausstellte, eignet sich diese Methode zur Chiffrierung und Speicherung von Informationen verschiedenster Art. Schallwellen sind holographisch verwendet worden, um visuelle Abbildungen der inneren Organe des menschlichen Körpers herzustellen. Die Holographie ist in die mikroskopische und die Röntgenfotografie eingeführt worden. Experimentelle Film- und Fernsehsysteme sind entwickelt worden, und inzwischen gibt es auch Hologramme, die mit gewöhnlichem Licht statt mit Laserstrahlen erzeugt werden. Wie sich herausstellte, ist nicht einmal der Referenzstrahl, der das Interferenzmuster hervorruft, notwendig. Die Holographie ist überall dort möglich, wo sich Wellen, die von zwei oder mehr Quellen ausgehen, schneiden. Da jede Partikel des Universums, die wärmer als der absolute Nullpunkt ist, ständig Wellenfelder produziert und jede organisierte Kombination von Partikeln auch ihr eigenes unverwechselbares Feld aussendet, ist die Zahl der sich schneidenden Wellen praktisch unendlich groß. Theoretisch könnte man an jedem Punkt des Universums eine Art von Superhologramm erstellen, welches Informationen über das ganze Universum von diesem Blickpunkt aus enthält. Aber bevor wir so weit gehen, wollen wir einen Blick auf die verschlungene Gewebemasse in unserem eigenen Kopf werfen.

Das menschliche Gehirn ist die komplexeste Struktur, die bisher entdeckt wurde, und es hat heute den Anschein, daß das menschliche wie auch das tierische Gehirn nach dem Prinzip der Holographie funktionieren. Einer der kühnsten Gehirntheoretiker, Dr. Karl Pribram von der Stanford Universität, hat ein holographisches Modell entwickelt, welches eines der hartnäckigsten Rätsel des Zentralnervensystems zu lösen scheint: Wo und wie sind die Gedächtnisinhalte gespeichert? Wo und wie funktioniert die Wahrnehmung?

In den vergangenen Jahren haben Forscher viel Zeit und Mühe auf die Kartographie des Gehirns verwendet und nachgewiesen, daß spezifische mentale Funktionen spezifischen Gehirnregionen zuzuordnen sind. Sie haben gezeigt, daß das Gehirn spezialisierte Teile zu haben scheint: ein Areal für das Sehvermögen, ein anderes für das Gehör, ein weiteres für bestimmte Gedächtnisinhalte usw. Aber da ist ein Haken. Durch Unfall oder chirurgischen Eingriff büßt jemand eine dieser Regionen ganz oder teilweise ein. Und siehe da, das Gedächtnis oder die Fähigkeit, die man zur Gänze in dieser Region lokalisiert glaubte, steht nach wie vor zur Verfügung. Sie mag verschwommener sein – das Auflösungsvermögen mag fehlen –, aber die Funktion ist noch vorhanden, in toto. Natürlich ist dies nicht immer der Fall, aber es geschieht oft genug, um jede Theorie in Zweifel zu ziehen, die auf die exakte Lokalisierung aller geistigen Funktionen abzielt.

Es gibt noch erstaunlichere Diskrepanzen. Wissenschaftler zerstören achtzig oder mehr Prozent des visuellen Kortex eines Rattengehirns, dennoch verliert die Ratte keinesfalls ihre Fähigkeit, korrekt auf visuelle Reize zu reagieren. Forscher schneiden achtundneunzig Prozent des Sehstrangs weg, der von den Augen einer Katze zum Gehirn führt, dennoch kann die Katze Formen mehr oder weniger gut erkennen. Andere Forscher kombinieren die beiden Versuche zu einem gleichzeitigen Eingriff, aber immer noch ist die Fähigkeit der Katze, Formen zu erkennen, kaum beeinträchtigt. Wo ist die Funktion also im Sehzentrum lokalisiert? Offenkundig ist sie *überall* lokalisiert; jedes separate Fragment des Kortex scheint alle nötigen Informationen zur Formerkennung zu enthalten. Und wie wurden diese Informationen ursprünglich gespeichert? Karl Pribram zufolge durch »Holough-Holographie«, das heißt, durch Hologramme, die aus Kreuzungsmustern der elektrischen Aktivität der Gehirnzellen entstehen.

»Ein Hologramm entsteht in jedem System, ob es sich um den Sehvorgang, einen Computer oder neutrale Strukturen handelt«, erklärte Pribram, »wenn Wechselwirkungen zwischen benachbarten Elementen (z. B. räumliche Frequenz) im Prozeß der Transformation kodiert werden.«* Er weist darauf hin, daß die Holographie für das Gehirn eine besonders günstige Art der Kodierung darstellt. Wie wir gesehen haben, ist es so gegen Beschädigung recht gut gefeit, da ein ganzes Bild aus sehr kleinen Teilen des Hologramms rekonstruiert werden kann. Dadurch bietet es ein höchst effizientes System der Gedächtnisspeicherung. (Hundertmillionen Bits von Informationen sind schon in einem ein Millimeter großen Fragment eines physikalischen Hologrammes gespeichert worden.) Es stellt auch ein praktisches System zur Erstellung von Querverweisen und Assoziationen dar. »Wenn nur ein Teil des Inputs, der ursprünglich das Hologramm konstituierte, wiederkehrt«, schreibt Pribram, »wird der Rest der Szene als ein *Geister*bild rekonstruiert.«

Das holographische Modell des Gehirns leugnet nicht

* Zitate und Paraphrasen in diesem Absatz aus Karl H. Pribram, »How Is It That Sensing So Much, We Can Do So Little«, in F. D. Schmatt und F. G. Worden, Hrsg., *The Neurosciences*, III, Cambridge, Mass., 1974.

die Spezialisierung. So wie das Licht sowohl Partikel als auch Welle ist, so ist das Gehirn sowohl spezialisiert als auch holographisch. Und was für das Gehirn gilt, das gilt auch für die Welt. Separate Objekte und Organisationen existieren und verfügen über ihre eigenen unverwechselbaren Identitäten. Die Objekte und Organisationen sind aber letzten Endes holographisch, da sie in der einen oder anderen Form wesentliche und vollständige Informationen über das gesamte Universum enthalten.

Dieses *Sowohl-als-auch*, die Koexistenz scheinbarer Widersprüche, tritt uns in der modernen physikalischen Theorie überall entgegen und ist das Zen-*Koan* des zwanzigsten Jahrhunderts. Wenn der Meister fragt: »Was ist das Klatschen der einen Hand?« erwartet er keine vernünftige Antwort, sondern hofft vielmehr, konventionelle Denkmuster zu löschen und seinen Schüler dadurch dem reinen, transrationalen Herzen der Welt näherzubringen.

Die Quantentheorie ist *das* Koan unserer Zeit. Experimentatoren finden sie in ihrer Arbeit nützlich, ja unverzichtbar. Sie folgen ihren Prämissen bis zu ihren quanten-logischen Schlußfolgerungen, um sich plötzlich scheinbaren Absurditäten konfrontiert zu sehen. Zunächst ist da, wie wir gesehen haben, dieses lästige Bellsche Theorem, welches alle räumlich getrennten Ereignisse miteinander verbindet. Aber es kommt noch schlimmer. Damit die Quantentheorie wirklich funktioniert, muß jedes Elektron, umgangssprachlich formuliert, »wissen«, was all die anderen Elektronen im Universum tun, um selbst zu »wissen«, was es tun soll. Es ist, als ob sich an jedem Punkt jedes elektromagnetischen Feldes ein winziger Supercomputer befände, der ständig alles berechnet, was im Universum vor sich geht.

Manche Physiker betrachten dies als ein unlösbares

Problem. Aber was für einen Physiker ein Problem darstellt, ist für einen anderen eine Lösung, ja eine Erleuchtung. Wenn man die Welt der Materie als ein Wahrscheinlichkeitswellen-Hologramm betrachten würde, dann könnte man auf die Vorstellung winziger Supercomputer völlig verzichten. Eine Wahrscheinlichkeitswelle ist eine mathematische Formulierung, die in einem *n*-dimensionalen Raum existiert – das heißt, einem Raum mit so vielen Dimensionen, wie man sich nur wünscht. Dieser Raum, könnte man sagen, gleicht demjenigen, in dem unser Bewußtsein operiert. Nach der Quantentheorie kann jede Partikel als eine Wellenfunktion beschrieben werden, die drei Dimensionen des Raumes und drei des Impulses hat – insgesamt sechs Dimensionen in diesem *n*-dimensionalen Raum. Zwei Partikeln können in zwölf Dimensionen beschrieben werden, drei in achtzehn usw. Nach dieser Konzeption hängt jede Partikel mit jeder anderen zusammen, und das ganze Universum kann vom »Standpunkt« einer einzigen Partikel beschrieben werden. So unglaublich all dies klingen mag, Wahrscheinlichkeitswellen werden dennoch ständig in realen Versuchen, die reale Resultate erbringen, verwendet.

Hält man sich dies vor Augen, dann ist es ein großer, aber kein unmöglicher Sprung, sich vorzustellen, daß die Ereignisse des Universums de facto aus Interferenzmustern von Wahrscheinlichkeitswellen bestehen. Wenn Sie mir bis hierher folgen konnten, dann ist der Rest einfach: In einem solchen Universum stehen die Informationen über das Ganze an jedem einzelnen Punkt zur Verfügung. Wie bei dem fotografischen Hologramm können die Informationen in den kleineren Fragmenten verschwommen, schlecht aufgelöst sein. Aber sie sind vorhanden.

Eine solche Darstellung eröffnet faszinierende Perspektiven. Um auf eine persönliche Ebene zurückzukehren: Man kann seinen eigenen Körper betrachten und sich sagen, daß jede subatomare Partikel darin mit allem Existierenden in Verbindung steht. Die pulsierende Leere, die wir im Inneren des Protons entdeckt haben, ist in gewisser Hinsicht ein »Modell« des gesamten Universums – und dasselbe gilt für Atome, Moleküle, Zellen, integrierte Zellsysteme, Organe und Organsysteme (kardiovaskulär, neutral, lymphatisch, digestiv usw.) und schließlich für den ganzen Menschen, die lebende, atmende, wahrnehmende, Begriffe bildende Person.

Bisher habe ich der Einfachheit halber den Begriff »Hologramm« in einer allgemeinen und eher unpräzisen Weise verwendet. Der Terminus bezeichnet im engeren Sinne die *optische* Darstellung von Interferenzmustern, etwa auf einem fotografischen Negativ. Es sei darauf hingewiesen, daß die Phänomene, von denen ich hier spreche, nicht Hologramme in diesem engeren Sinne sind, sondern vielmehr in einem Modus *analog* dem eines Hologramms existieren. Um präziser zu sein, werde ich nun den Begriff »holonomisch« einführen, was »nach dem Hologramm benannt« oder »von der Art eines Hologramms« bedeutet. Als »holoid« werde ich Entitäten bezeichnen, die holonomisch sind, während sich »Holonomie« auf die *Eigenschaft* bezieht. Der Leser kann sich also selbst nicht nur als eine Reihe rhythmischer Felder innerhalb anderer Felder betrachten, sondern auch als eine Serie von Holoiden innerhalb anderer Holoide. Ebenso wie Sie eine Identität besitzen, zeichnen Sie sich auch durch Holonomie aus.

Da dies der Fall ist, kann man sagen, so merkwürdig dies zunächst erscheinen mag, daß die Struktur Ihres eigenen Körpers und Seins die sich wandelnde Struktur des Universums reflektiert. Und alles *mögliche* Wissen steht Ihnen potentiell zur Verfügung, zumindest in allgemeinen Umrissen, wenn nicht in deutlich abgezeichneten Einzelheiten; nicht bloß Wissen um die Gegenwart, sondern auch um die Vergangenheit und zumindest teilweise um die Zukunft. (In einem der folgenden Kapitel werden wir sehen, daß die Zukunft ein Element echter Überraschung enthält, welches mit wachsendem zeitlichen Abstand exponentiell zunimmt.)

Diese Implikationen der Quantentheorie entsprechen der tiefsten Intuition früherer Zeitalter, der unmittelbaren Erfahrung der angesehensten spirituellen Meister und den Gedanken von Philosophen wie Leibniz, Spinoza und Whitehead. Unsere eigene kulturelle Konditionierung hat aus guten und durchschaubaren Gründen, die ich an anderer Stelle untersucht habe*, eine Konkretisierung und Partikularisierung unserer Wahrnehmungen bewirkt und dadurch unsere Chancen reduziert, auf irgendeine Weise dieses »Alles-in-Einem« wahrzunehmen. Aber diese Wahrnehmung ist doch nicht völlig unterdrückt und berührt selbst den profansten Bürger des Westens in Augenblicken unerwarteter Erleuchtung, Augenblicke, die oft mit extremem Streß oder dem Nahen des Todes verbunden sind. Und nun erleben wir zu unserer Verwunderung das unerwartete Zusammentreffen der modernen Naturwissenschaft mit diesen alten Weisheiten!

Werfen wir nochmals einen Blick auf die Fernwahrnehmungsexperimente, die am Stanford Research Institute durchgeführt wurden. Nehmen wir dieses Mal an, daß die in dem abgeschirmten Raum eingeschlossene Versuchsperson (wie wir alle) ein Fragment des Universums ist, das in der einen oder anderen Form alle Infor-

* Siehe mein Buch *The Transformation*, New York 1972, insbes. Kap. 4 und 5.

mationen enthält, deren es zur Schöpfung eben dieses Universums bedarf. Die Informationen sind in der Struktur dieses Menschen enthalten – oder, um es anders auszudrücken, die Struktur des Betreffenden besteht aus Informationen des Wahrscheinlichkeitswellen-Holoids. *Es bedarf somit keines zusätzlichen Inputs aus einer externen Signalquelle.* Die Informationen sind nicht sensorisch im üblichen Sinn. Sie sind strukturimmanent. Der Fernwahrnehmungsvorgang beruht nicht auf außersinnlicher Wahrnehmung, sondern auf etwas, das man als meta-sinnliche Wahrnehmung bezeichnen könnte. Die Frage, welche Sinne benutzt werden, wird irrelevant. Ebenso wie das Gedächtnis keines sensorischen Inputs bedarf, sich aber dennoch in sensorischen Metaphern ausdrückt, so verhält es sich auch mit diesen holonomischen Informationen.

Das Ziel ist der Jachthafen von Palo Alto zur Zeit der Ebbe. Der dunkle, klebrige Schlickgrund ist zwischen den Schwimmdocks zutage getreten. Die Docks ruhen auf dem schlammigen Boden. Hal Puthoff steht auf einem der Docks und schaut hinunter in die breiige Masse.

Zwanzig Minuten *vorher* saß Hella Hammid in einem Raum des kilometerweit entfernten SRI und beschrieb die Szene als »eine Art von gerinnendem Teer oder vielleicht erstarrte Lava. Es sieht aus, als ob das ganze Gebiet mit einer faltigen Elefantenhaut bedeckt sei, die dort, wo Hal steht, zwischen irgendwelchen Barrieren hervorgequollen ist.«

Sie hatte das Wesentliche der Szene beschrieben. Sie schilderte die Form, die Farbe und das Material in einer Weise, die eine unbezweifelbare Identifizierung erlaubt. Sie hat die Szene nicht namentlich identifiziert oder ihre Funktion beschrieben; derartige Informationen sind kulturbedingt und weniger fundamental.

In einem anderen Fall handelte es sich bei dem Zielort um einen Spielplatz. Puthoff sieht einem Kind zu, das auf einer quietschenden Schaukel schwingt. Die Szene voraussehend, wiederholt Hella Hammid immer wieder, die Hauptsache sei »ein schwarzes eisernes Dreieck, in das der Versuchsleiter irgendwie hineingegangen ist oder auf dem er steht«. Sie sagt, das Dreieck sei »größer als ein Mensch« und sie höre »etwa einmal in der Sekunde ein quietschendes Geräusch«.

Zwar hat sie das Objekt nicht als Schaukel identifiziert, aber es ist ihr gelungen, das Wesentliche der Szene einschließlich des Quietschens der Schaukel zu erfassen. Man könnte sagen, das Bild sei vollständig, wenn auch etwas unscharf. Die Auflösung ist mangelhaft, so wie das bei einem Bild der Fall sein würde, das aus einem winzigen Fragment eines fotografischen Hologramms rekonstruiert wird.

Man braucht die holonomische Hypothese der Wahrscheinlichkeitswelle nicht, um die Fernwahrnehmung zu erklären. Man könnte sie ebensogut mit Hilfe der Schumannwellen, das heißt, Wellen von extrem niedriger Frequenz, erklären, obwohl dies inzwischen als unwahrscheinlich gilt. Man könnte sich auch noch andere, bisher unentdeckte »PSI-Wellen« als Informationsträger von Bewußtsein zu Bewußtsein vorstellen. Aber die holonomische Hypothese hat eine seltsam überzeugende Schönheit. Sie läßt uns in universelle Dimensionen hineinwachsen und führt einen völlig neuen Kontext der Informationsübermittlung ein.

Der Informationstheorie zufolge wirken sich Gedächtnis und Vorstellungskraft tendenziell störend auf die Fernwahrnehmung aus, ob wir nun die Idee des Hologramms heranziehen oder nicht. Wer meditieren gelernt hat und somit darin geübt ist, sein Bewußtsein von dieser

Art von »Störgeräuschen« zu befreien, müßte demnach bei der Ausübung dieser Fähigkeit im Vorteil sein. Von der holonomischen Hypothese ausgehend, wäre zu erwarten, daß ein weiterer Faktor in die Gleichung eintritt: je komplexer und höher entwickelt das hellsehende Individuum, desto besser die Auflösung der Szene. Eine Amöbe würde ebenso wie ein Mensch das ganze Bild »enthalten«, aber sie wäre nicht imstande, das Bild auch nur annähernd so gut aufzulösen wie ein Mensch. Ebenso würden wir, wenn wir einem höherentwickelten Wesen von einem anderen Planetensystem begegneten, von ihm erwarten, daß es zeitlich und räumlich entfernte Ereignisse klarer »sehen« kann als wir. Und um diesen Gedankengang zu Ende zu denken: Es wäre zu erwarten, daß sich auf jeder Stufe der Evolution, mit jeder Zunahme organisierter Komplexität immer deutlichere und schärfere Bilder des Alls ergeben, bis hin zu dem, was wir Gott nennen könnten und was einem Bewußtsein des lückenlos aufgelösten universellen Bildes entspräche.

Inzwischen stürmt die Welt wie sie ist von allen Seiten auf uns ein und konfrontiert uns mit Rätseln und Widersprüchen, wie ein Aspekt der SRI-Experimente anschaulich zeigt. Dem Leser ist vielleicht bereits der Gedanke gekommen, daß sich ein begabter Hellseher gut als internationaler Spion eignen würde. Auf diese Idee sind die Geheimdienste der Vereinigten Staaten und der Sowjetunion schon längst verfallen. Während ich die Fernwahrnehmung als möglichen Beweis der Verbundenheit allen Lebens werte, hat die CIA sie als mögliche Waffe im kalten Krieg betrachtet. CIA-Agenten haben Personen interviewt, die für ihre hellseherischen Fähigkeiten bekannt sind. Der inzwischen verstorbene Pat Price hat nicht nur an den oben beschriebenen Versuchen teilgenommen, sondern auch an einem nachrichtendienstlichen

Projekt namens »Scanate«, in dessen Verlauf er, soviel bekannt wurde, amerikanische und sowjetische Satelliten-Bodenstationen lokalisierte und beschrieb.

Einigen Berichten zufolge wurden Fernwahrnehmungsversuche teilweise durch Organisationen unterstützt, die von den Nachrichtendiensten der Regierung Gelder erhalten, und es sind Gerüchte im Umlauf, daß ein Großteil der Arbeit von Puthoff und Targ der Geheimhaltung unterliegt und daß ihre veröffentlichten Experimente ein Deckmantel für ominösere übersinnliche Experimente sind, die darauf abzielen, Objekte oder Gedanken aus der Ferne zu beeinflussen. Wie Ostrander und Schroeder sowie andere Autoren berichten*, arbeitet die Sowjetunion seit mindestens fünfundzwanzig Jahren zu geheimdienstlichen Zwecken an ernsthaften Programmen in diesen Bereichen. Beide Seiten können mithin ihr Tun damit rechtfertigen, daß es eine Reaktion auf die Aktivitäten der Gegenseite darstelle. All dies erscheint ironisch, ja paradox. Doch jedes Paradox ist ein Spiegelkabinett, das die Realität aus unerwarteten Blickwinkeln reflektiert und manchmal den Weg zu einer neuen Realität weist. In diesem Spiegelkabinett können die Manöver zur gegenseitigen Vernichtung plötzlich in den Dienst der menschlichen Evolution treten. Man stelle sich einmal all diese Spionagesatelliten vor, die über den Himmel ziehen, die elektronischen Horchstationen in den Wüstengebieten der Welt, die Aufklärungsflugzeuge, -schiffe und -U-Boote, die Horchposten in den Botschaften und Konsulaten, die gewieften Agenten im James-Bond-Stil, die geduldigen Analytiker, die Hunderttau-

* Siehe: Sheila Ostrander/Lynn Schroeder, *PSI. Die wissenschaftliche Erforschung und praktische Nutzung übersinnlicher Kräfte des Geistes und der Seele im Ostblock*, Scherz Verlag, [14]1977. Und Henry Gris/William Dick, *PSI als Staatsgeheimnis*, Scherz Verlag, 1979.

sende von Berichten durchackern und auswerten, die blinkenden Computer, die unterirdischen Strategiezentren mit ihren großartigen elektronischen Anlagen – eine Million Erwachsene, die sich mit einem tödlichen Kinderspiel befassen. Und welchem Zweck dient dieses ganze Arsenal, dieser verschwenderische Aufwand menschlicher Energie? Einzig und allein einer vollständigen *Kenntnis* der anderen Seite. Die Aufgabe der Nachrichtenorganisationen besteht darin, die militärische und wirtschaftliche Schlagkraft eines potentiellen Gegners, seine Schlachtordnung, auszukundschaften. Noch entscheidender ist es, die verborgensten Absichten seiner Spitzenleute kennenzulernen, ihnen quasi ins Herz zu sehen.

Dieses Unterfangen schafft neue, den ganzen Globus umspannende Verbindungen, und keiner, der damit zu tun hat, kann es vermeiden, des unsichtbaren, immer dichter werdenden Netzes gewahr zu werden, das uns alle, »Freund« wie »Feind«, miteinander verbindet. Diese Verbindung, die durch die Gefahr der nuklearen Katastrophe aufrechterhalten wird, kann nicht mit einemmal durchschnitten werden, nur verwandelt durch die Evolution eines Bewußtseins, das zumindest planetarisch ist. Hellsehen wird sich vermutlich als Spionage-Instrument – oder als Werkzeug des Großen Bruders – nicht bewähren, dazu ist es zu unzuverlässig und widersetzt sich zu sehr dem analytischen Denken. Aber schon die bloße Möglichkeit einer engeren Verbindung von einem menschlichen Herzen zum anderen unterläuft das Spionagenetz des kalten Krieges und kündigt eine weitere Stufe in der menschlichen Evolution an: die Entwicklung einer Seinsweise, die das Bewußtsein der gesamten Menschheit in die *Selbst-Bewußtheit* jedes einzelnen Menschen einbringt.

Die dazu nötigen Informationen sind bereits vorhanden und warten nur darauf, wahrgenommen zu werden. Wie wir gesehen haben, ist es de facto möglich, jedes menschliche Individuum als aus reiner Information in der Form von rhythmischen Wellen *bestehend* zu betrachten – Information, die als die infinitesimalen Schwingungen subatomarer Partikeln beginnt und sich nach außen als immer umfassendere resonante Hierarchien fortsetzt, von Atomen und Molekülen zu Zellen, Organen und Organismen, über Familien, Sippen und Stämme bis hin zu Nationen, Zivilisationen und darüber hinaus. Auf jeder Stufe dieses Weges ist jede Einheit an das große Informationsnetz angeschlossen, welches das Universum darstellt. Auf der fundamentalsten Ebene besteht die Verbindung nicht in der Vermittlung durch die Sinne, sondern liegt in der Struktur, denn wir befinden uns nicht *in* diesem Beziehungsnetz, sondern sind selbst ein Teil desselben. Als Teil des Netzes *ist* jeder von uns eine individuelle Identität, und diese Identität kann am leichtesten als eine Wellenfunktion, ein einzigartiger rhythmischer Pulsschlag ausgedrückt werden. Gleichzeitig ist jeder von uns paradoxerweise ein Holoid des Universums, und auch dieses Holoid drückt sich in Form von Wellenfunktionen aus. Wir sind mithin sowohl individuell als auch universell, und das Netz von Beziehungen schließt beide Aspekte unseres Seins ein. Obwohl alle Informationen des Universums letztlich »in« jedem von uns vorhanden sind, ist das Ausmaß dessen, was wir kodieren und aus drücken können – in der Tat ein kleiner Bruchteil –, durch unsere Lebensgeschichte und Kultur, unsere Sprache und unser Nervensystem begrenzt. Für den Augenblick genügt die Feststellung, daß wir vollständig, unlösbar und absolut mit allem Existierenden verbunden sind und daß der nächste Schritt der Evolution zumindest darin bestehen wird, uns der Verbundenheit bewußt zu werden.

7
Der Spielplatz der Wirklichkeit

Jede Theorie des Universums oder des Gehirns ist letztlich eine Metapher, in der etwas Unvertrautes unter Heranziehung von etwas weniger Unvertrautem dargestellt wird. Das Bestmögliche, was wir mit jeder Erklärung erreichen können (so scharfsinnig unsere Instrumente und Methoden auch sein mögen), ist, metaphorische, das heißt, sinnbildliche Strukturen von unterschiedlicher Komplexität, Schönheit und Tragfähigkeit zu schaffen. Die Pfeiler und Balken eines solchen Gebäudes mögen eine Weile halten, sie werden jedoch schließlich unter dem Ansturm neuer Erkenntnisse und Ideen und neuer Sprache wanken. Erklärungen sind nützlich, erhellend, unumgänglich. Dennoch sind sie bestenfalls vorläufig und provisorisch.

Dessen eingedenk möchte ich an diesem Punkt die Ansätze, die sich aus den bisherigen Spekulationen über das Thema des Rhythmus ergeben haben, zu einem System zusammenfassen. Wir beginnen mit einer Frage: Was ist ein Mensch? Die von mir vorgeschlagene Antwort widerspricht keinesfalls den bekannten Thesen der Physik, Biologie, Soziologie usw., basiert jedoch auf fundamentaleren Kategorien. Reduziert man die Frage auf ihren Kern, so stößt man auf zwei wesentliche Eigenschaften des Seins. Diese Eigenschaften gelten in irgendeiner Weise für jeden Baustein des Universums, aber ich möchte mich hier aus praktischen Gründen auf den Menschen beschränken. Somit gilt:

1. Ein Mensch ist ein »Hologramm« oder *»Holoid«* des

gesamten Universums. Diese Eigenschaft bezeichnen wir als *Holonomie*.

2. Jeder Mensch ist auch eine einzigartige Entität, das heißt, er drückt eine Eigenschaft aus, die ich als *Identität* bezeichnet habe. Diese ist separat und nimmt eine zeitliche und räumliche Position ein, kann aber Zeit und Raum, wie wir sie kennen, auch transzendieren. Diese einzigartige Identität kann als ganz bestimmtes Muster rhythmischer Wellen oder Schwingungen zusammengefaßt werden.

Die holonomische Auffassung wurde in Kapitel 6 bereits eingehender behandelt. Sie steht in Einklang mit einer der ältesten Intuitionen der Menschheit, die in der östlichen Philosophie beredten und überzeugenden Ausdruck findet. Sie trägt dazu bei, das wesenhaft Sinnvolle der gesamten Existenz verständlich zu machen, der zusammenhängenden, sich wiederholenden Muster, auf die wir in den Grundstrukturen der Sprache, der Mathematik und der materiellen Welt immer wieder stoßen. Sie ist eine zwangsläufige Konsequenz der bis zu ihrem logischen Endpunkt weitergedachten modernen Quantentheorie. Und sie bietet eine vorläufige Deutung für bestimmte außerordentliche Phänomene, die mit unseren herkömmlichen Realitätsbegriffen bisher noch nicht erklärt werden konnten.

Diese Vorstellung vom Universum als einer umfassenden Einheit, welche sich irgendwie in jedem ihrer Teile wiederholt, zeichnet sich durch eine ganz besondere Erhabenheit und Eleganz aus. Aber etwas fehlt einem dabei. Wo bleibt das persönliche Selbst? Was ist mit der Liebe, Begierde, Zeugung, Konflikt, Geburt, Tod, Gesellschaft, Geschichte, Evolution – mit der ganzen Welt der Beziehungen? Dort, wo sie sich am eindeutigsten artikuliert (etwa in bestimmten Formen des Theravada-Buddhismus und im Magavada Vedanta), tut die östliche

Philosophie all diese Erwägungen als *Maya,* als Illusion ab. Diese Einstellung hat manchmal eine passive Weltabgewandtheit hervorgebracht, die die Probleme und Freuden dieser Welt ignoriert und statt dessen eine elitäre Hingabe an das *Satori* oder *Samadhi,* das Aufgehen des illusionären Selbst im Einen, kultiviert.

Uns im Westen ist natürlich das entgegengesetzte Extrem nur allzu vertraut: die Fixierung auf Zeit und Geschichte, Ich und Aktion. Dieses Extrem hat seine eigenen Gefahren. Es ruft Angst und Entfremdung hervor und ist von der Tendenz zur Fragmentierung und Ausbeutung der Natur und der menschlichen Beziehungen begleitet.

Aus rein praktischen, sozialen Gründen ist es daher ratsam, sowohl die ausschließliche Beschäftigung mit der Holonomie als auch mit der Identität zu vermeiden. Aber ganz abgesehen von gesellschaftlichen Erwägungen haftet der Vorstellung, daß der Mensch *bloß* ein Holoid oder *bloß* eine einzigartige Persönlichkeit sei, etwas strukturell Unbefriedigendes an. Was ich damit sagen will, ist, daß beide Eigenschaften in einer gleichwertigen und komplementären Beziehung den Kern der menschlichen Existenz und der Existenz des Universums ausmachen.

Meine These lautet ganz einfach: Wenn es keine Identität gäbe – das heißt, wenn das ganze Universum lediglich das Eine wäre, welches sich ad infinitum in jedem »Teil« des Einen spiegelt –, dann gäbe es keine wirklichen *Unterschiede,* und daher wären auch keine Beziehungen möglich. Und ohne Beziehungen gäbe es kein Objekt oder Ereignis, kein materielles Universum, kein geistiges Universum, kein spirituelles Universum – gar nichts. Von einem extremen Standpunkt aus könnte man sagen, daß das, was wir als Objekte bezeichnen, aus Beziehungen hervorgeht; man kann die Dinge als die

Niederschläge von Beziehungen betrachten. Zumindest kann man sagen, nicht daß Beziehungen Dinge hervorbringen oder umgekehrt, sondern daß beides wechselseitig voneinander abhängig und komplementär ist.

Ein Unterschied, der »einen Unterschied macht«, ist nach Gregory Batesons Formulierung die elementare Einheit der Information. Er ist auch die fundamentale Einheit der Existenz, da Beziehungen nur zwischen Entitäten möglich sind, die sich irgendwie voneinander unterscheiden. Und weiter: Damit das Universum Stabilität und Dauerhaftigkeit (das heißt, »Sinn«) aufweist, müssen die verschiedenen Entitäten darin ebenfalls über eine gewisse Stabilität und Dauerhaftigkeit verfügen.

Dies führt uns zur *Identität* zurück, zu der stabilen, dauerhaften, einzigartigen Eigenschaft, die sich in jedem menschlichen Individuum auf so viele Arten manifestiert. Wir haben gesehen, wie die persönliche Identität in den Werken großer klassischer Komponisten in Form eines unverwechselbaren Pulsschlags die Zeit überdauern kann, und ich habe spekuliert, daß das gleiche für alle wahrhaft schöpferischen persönlichen Werke gilt. Wir haben eine Reihe von Körperfunktionen erwähnt, die identifizierbare Muster aufweisen: das Gesicht, der Fingerabdruck, der Stimmabdruck, das Vibrato, die Atmung, die Hirnströme, das DNS-Molekül. Davon ausgehend habe ich spekuliert, daß eine entsprechende Analyse aller signifikanten Körper- und Verhaltensfunktionen einzigartige, identifizierbare Schwingungsmuster ergeben würde, deren Summe als integrierte Wellenfunktion, der fundamentalsten Eigenschaft der Individualität, ausdrückbar wäre.

Da ist noch etwas Seltsames, Überwältigendes, Unerklärliches – eine Empfindung, der man sich mit Worten nur tastend nähern kann: »Dies bin *ich*, das Ganze der

Existenz, um das sich die gesamte Welt dreht. Aber wie kann das sein, da doch du und du und du auch die Welt und ihr gesamtes Wirken bist? Wie ist es gekommen in all dem Raum und all der Zeit, daß ich ich bin?« Dieses Gefühl, das einen manchmal vor dem Einschlafen oder wenn man auf einem Bergpfad um eine Windung biegt, wie ein Keulenschlag trifft, hat offenkundig etwas mit Identität zu tun. Aber die Identität allein kann es nicht erklären. Tiere und Bäume und Säuglinge haben Identität, obwohl ihnen dieses Ich-Gefühl fehlt. In welcher Beziehung steht dieses Ich-Gefühl zur Holonomie und zur Identität? Gibt es eine einfache Erklärung dafür, oder ist es vielleicht noch sonderbarer, als wir uns vorgestellt haben?

An diesem Punkt möchte ich die erste von zwei Geschichten erzählen, die vielleicht das Zusammenspiel zwischen Holonomie und Identität etwas erhellen und uns zeigen, wie unser Alltag mit diesen fundamentalen Qualitäten des Daseins zusammenhängt.

Dies ist nicht Richard

Wir waren zu viert, drei Männer und eine Frau, und wir unterzogen uns gemeinsam dieser Prüfung, diesem Übergangsritus. In einer Kultur, die ihren Blick von der Herausforderung, dem Risiko und dem möglichen Scheitern abgewandt hat, war dies in der Tat ein seltenes Geschenk. Wir trainierten für den Schwarzen Gürtel in Aikido – Richard, Lawrence, Wendy und ich –, und über einen Zeitraum von etwa einem Jahr stellte sich jeder von uns allein und auf seine Weise den Verletzungen, der Erschöpfung, der Demütigung und der Verzweiflung. Die Liste unserer Verletzungen sagt allein schon etwas über die Schwere dieser Prüfung aus. Abgesehen von unzähligen Prellungen, Quetschungen und Abschürfungen erlitten wir einen Beinbruch (Lawrence), eine Genickverstauchung und einen Bänderriß am Ellbogen (Wendy), einen Bruch des Wangenbeins und einen mehrfachen Bruch des Armes (Richard), sowie eine Schulterluxation (ich). Diese Verletzungen mögen in einer Kunst, die so oft den mühelosen Eindruck eines Tanzes oder Traums erweckt, außergewöhnlich erscheinen. Aber im Aikido werden keine Schläge angedeutet, und jeder Angriff findet sein logisches Ende erst, wenn der Angreifer auf den Boden genagelt ist oder durch die Luft fliegt. Der Aikido-Kämpfer muß deshalb hart und lange trainieren, bis seine Angst vor dem Fallen zur Freude am Fliegen wird – eine unbarmherzige, wenn auch ekstatische Lehrzeit.

Aber wir sollten uns nicht bei den Verletzungen aufhalten, denn das würde uns nur von der wahren Bedeutung dessen ablenken, womit wir konfrontiert waren. Unser Lehrer, Robert Nadeau, ist nicht der Durchschnittstyp des Draufgängers. Obwohl er nicht nur Aikido, sondern auch Judo und Karate beherrscht (und, da sind wir uns einig, ein Mann ist, mit dem man sich in einer finsteren Gasse besser nicht anlegt), betrachtet er sich selbst in erster Linie als Lehrer der Meditation und alternativer Wege zum Umgang mit den Belastungen des Lebens. Die Kampfmatte ist für ihn die Welt. Er lehrte uns deshalb in unserem Training, Spannungen, Probleme und Schmerzen nicht zu meiden, sondern sie als wertvolle Geschenke, als Chancen zur Weiterentwicklung unseres Lebens willkommen zu heißen. Weit davon entfernt, unsere Schwächen zu schonen, kommt Nadeau jedem zweideutigen Motiv, jedem Vorwand, jedem Geheimnis, jedem gut verborgenen Makel auf die Schliche. Wenn die

Matte die Welt repräsentiert, dann die Welt unter einem Vergrößerungsglas, wo nichts lange verborgen bleiben kann. Unter diesen Umständen ist die Selbstprüfung nicht bloß obligatorisch, sie ist unvermeidlich.

All dies verdichtet sich in der dreimonatigen Periode der Vorbereitung auf den Schwarzen Gürtel zu einem schmerzhaft scharfen Brennpunkt. Nadeau benützt diese Periode nicht nur zu einem Intensivlehrgang in fortgeschrittenen Techniken, sondern macht daraus einen physischen und psychischen Härtetest. Dieser Prüfung gehen dreieinhalb bis zehn Jahre Training voraus. In diesen letzten Monaten wird vom Kandidaten erwartet, daß er an allen Unterrichtsstunden Nadeaus teilnimmt. In der jeweils ersten Übungsstunde, in der die Grundkenntnisse durchgenommen werden, trainiert der Kandidat oder die Kandidaten zusammen mit allen anderen Schülern. Zu Beginn der zweiten Stunde, die den fortgeschrittenen Techniken gewidmet ist, schickt Nadeau die Kandidaten auf die hintere Matte. Während die anderen Schüler ihr Training fortsetzen, üben die Kandidaten die Techniken, welche bei der Prüfung zu erwarten sind.

Fünfzehn Minuten vor Schluß des Unterrichts setzen sich die fortgeschrittenen Schüler in der traditionellen japanischen Meditationsstellung um den Rand der Hauptmatte, während sich die Kandidaten der Reihe nach in die Mitte begeben müssen. Unter den Augen der anderen läßt Nadeau sie alle ihre Schritte und Griffe durchüben. Am Schluß wird der Kandidat Angriffen von mehreren Seiten ausgesetzt. Zuerst einer, dann zwei, dann drei, ja bis zu sieben fortgeschrittene Kämpfer müssen den Kandidaten immer wieder angreifen. Das dauert so lange, bis der Kandidat völlig erschöpft ist und von den Angreifern entweder in die Zange genommen oder auf die Matte gelegt wurde.

Nadeau hat eine bemerkenswerte Fähigkeit, genau zu wissen, in welcher Technik jeder Kandidat unvorbereitet ist. Einmal forderte er mich während meiner Vorbereitungszeit auf, die ganze zweite Stunde lang eine Technik namens *Irimi-nage* (Eingangswurf) zu üben. Nach fünfundvierzig Minuten auf der hinteren Matte wurde ich nach vorne in die Mitte gerufen und war überzeugt, jetzt meinen so gründlich geübten *Irimi-nage* demonstrieren zu müssen. Während ich dastand und auf den Angriff wartete, machte ich jedoch den Fehler, für mich zu denken: »Hoffentlich läßt er mich keinen *Koshi-nage* (Hüftwurf) machen.« Als lese er meinen unausgesprochenen Gedanken, sagte Nadeau: »Okay, George, zeig uns deinen *Koshi-nage*«, worauf er mich einen Hüftwurf nach dem anderen vermasseln ließ, bis sich alle Anwesenden in peinlicher Weise über meine mangelhafte Vorbereitung im klaren waren.

Über einen Zeitraum von neun Monaten unterzogen sich zuerst Lawrence, dann ich und dann Wendy dieser Tortur. Unter den physischen und psychischen Belastungen erkannten wir, daß eine Schwäche nur beseitigt werden kann, wenn sie enthüllt wird, und daß der wahre Gegner in uns selbst sitzt. Jede dieser drei Probezeiten enthielt all die Ingredienzen, aus denen unsere ältesten und meistgeliebten Geschichten bestehen: die Spannungen und Gefahren, die schwarze Verzweiflung, die unverhoffte Wendung und schließlich den glücklichen Ausgang. Den Erfahrungen Richards war es jedoch vorbehalten, uns in andere Welten blicken zu lassen, uns mit dem Grenzenlosen, dem Unendlichen in Berührung zu bringen.

Anfang Dreißig, in der Blüte seiner Jahre, hätte Richard einem Bildhauer der griechischen Antike als Modell dienen können. Mit seinem sehnigen, vollkommen proportionierten Körper und seinen schönen Gesichtszügen schien er wie eine zeitgenössische Ausprägung des klassischen griechischen Ideals physischer Schönheit, und in der Tat hatte er während seiner Studienzeit die olympischen Disziplinen betrieben. Aber Richards Gaben beschränkten sich nicht auf das Körperliche. Er war promovierter Psychologe und Mitbegründer einer angesehenen Schule für Meditation, Körperarbeit, Spezialdiät und zwischenmenschliche Beziehungen. Außerdem war er ein vorzüglicher Aikido-Kämpfer.

Von seinen Gaben und seiner Anmut geblendet, konnte ich zunächst keinen Fehl an ihm finden. Manchmal schien er fast zu gut, um wahr zu sein. Aber allmählich trat bei ihm ein gewisser Zug der Berechnung zutage, den man in eine Formulierung der Gestalttherapie fassen kann, die Richard selbst häufig im Munde führte: »Für sich selbst sorgen.« Mit dieser Formel ist nicht Egoismus gemeint, sondern einfach das gesunde, offen geäußerte Eigeninteresse, das einen vor Abhängigkeit und der Rolle des Opfers bewahren kann. Dennoch konnte es einem nicht entgehen, daß Richard keine Einladung annahm, ohne sich gründlich zu überlegen, was er davon haben würde; er akzeptierte sie prinzipiell nur, wenn er sich einen Vorteil davon versprach. Richard überließ selten etwas dem Zufall. Er verstand es gut, für sich selbst zu sorgen.

Da war auch noch die Frage des Namens. Richard hatte bedeutende Beiträge zur Psychologie der »Selbstfindung« geleistet. Doch eine Reihe anderer Leute, die weniger beigetragen hatten, waren bekannter geworden. Richard war sich dessen bewußt und hatte, wie mir schien, ein brennendes, wenn auch selten geäußertes Verlangen, sich einen Namen zu machen.

Ich bezweifle sehr, ob unser Lehrer sich auf eine derartige Analyse einließ. Er handelte einfach intuitiv: Als er Wendy mitteilte, daß sie in drei Monaten zur Prüfung antreten könne, sagte er zu Richard, er wisse nicht, ob dieser ebenfalls zur Prüfung zugelassen werde. Richard könne die dreimonatige Vorbereitungszeit absolvieren, falls er dies wünsche. Am Tage der Prüfung, sagte Nadeau, werde er ihm mitteilen, ob er antreten könne.

Für Richard war dies ein Schlag ins Gesicht. Er mußte sich einer dreimonatigen Tortur unterziehen, ohne die Gewähr zu haben, daß ihm am Ende eine Belohnung winkte. Wenn ihn seine Mitschüler fragen würden, ob er sich um den Schwarzen Gürtel bewerbe, würde er antworten müssen – obwohl er offensichtlich hart dafür trainierte –, daß er es nicht wisse. Keine erfreulichen Aussichten für jemanden, der gewohnt ist, gut für sich zu sorgen. Er hatte bereits die schwersten Verletzungen erlitten, die in der Schule vorgekommen waren. Nachdem er sich bei einem gefährlichen Wurf den Arm gebrochen hatte, trainierte er mit dem Gipsverband weiter. Dann war durch einen Bruch des Wangenbeins (er war unabsichtlich getreten worden, als er auf der Matte lag) vorübergehend ein Augenmuskel in Mitleidenschaft gezogen worden, aber trotzdem hatte er weitertrainiert. Ohne Zweifel hatte er bereits einen hohen Preis bezahlt.

Dennoch war er jeden Abend auf der hinteren Matte und trainierte trotz des ungewissen Ausgangs bis zur Erschöpfung.

Nadeau widmete ihm von Woche zu Woche weniger Aufmerksamkeit. Eines Abends, zwei Wochen vor der Prüfung, saß ich zufällig gegen Ende des Trainings neben Richard am Rande der großen Matte, als Nadeau die Kandidaten zur Vorführung antreten ließ.

»Noch jemand?« fragte Nadeau, sah einfach an Richard vorbei.

Richard sagte nichts, und ich hörte mich an seiner Stelle antworten: »Richard ist noch da. Sie haben ihn vergessen.«

»Ach ja«, bemerkte Nadeau trocken. »Wie-heißt-er-gleich? Okay, er soll zeigen, was er kann.«

Von diesem Augenblick an bis nach der Prüfung würdigte Nadeau Richard keines Blickes mehr und nannte ihn nie bei seinem Namen. Gelegentlich zitierte er »Wie-heißt-er-gleich« auf die mittlere Matte, ohne ein Wort über seine Leistungen zu verlieren. Drei Tage vor der Prüfung fragte ich Richard im Duschraum, was er von der Sache halte.

»Ich weiß es nicht. Ich kann es nicht genau sagen. Irgend etwas geht in mir vor. Ich beginne eine Art von Verwandlung zu spüren.«

Wie es der Brauch ist, war die Prüfung an einem Sonntag um ein Uhr angesetzt. Es war ein schöner, wolkenloser Junitag. Die Leute begannen schon früh herbeizuströmen: Aikido-Kämpfer aus einem weiten Umkreis und Hunderte von Zuschauern. Eine Kommission von fünf Inhabern des Schwarzen Gürtels wurde gebildet, welche die Leistungen der Bewerber zu beurteilen hatte.

»Was ist, trittst du an?« fragte ich Richard, als er an der Matte erschien.

»Ich weiß es nicht. Nadeau spricht immer noch nicht mit mir.«

Im *Dojo* (Übungshalle) herrschte eine Atmosphäre wie in der Kirche vor einer Hochzeit. Einige Leute meditierten. Andere unterhielten sich im Flüsterton. Richard ging in das Büro und kehrte mit einem seltsamen Ausdruck im Gesicht zurück.

»Ich glaube, ich kann antreten«, sagte er. »Ich habe meinen Namen auf der Liste gesehen. Nadeau hat immer noch nichts zu mir gesagt.«

Zu Beginn der Zeremonie verbeugten sich alle Aikido-Kämpfer vor dem Bild eines ehrwürdigen japanischen Kriegers auf der Stirnwand. Es stellte Morihei Uyeshiba dar, den legendären Begründer des Aikido, allen unter dem Namen *O Sensei** bekannt, der größte aller Aikido-Lehrer, dessen an Wunder grenzende Leistungen, die er noch in hohem Alter vollbracht hatte, von vertrauenswürdigen Zeugen fotografiert, gefilmt und beglaubigt worden waren. Fünf Kandidaten waren bereits geprüft worden, als Richard auf die Matte gerufen wurde. In dem anmutigen Kniegang, der in dieser Disziplin üblich ist, begab er sich mit seinem *Uke* (»Angreifer«) in die Mitte. Die beiden verneigten sich zuerst vor O Sensei, dann vor den fünf Prüfern und schließlich voreinander. Nadeau sagte die erste Serie von Techniken an, und die Prüfung begann.

Vom ersten Augenblick an war zu spüren, daß etwas Außerordentliches geschah. Es war wie eines jener Sportereignisse, die in die Geschichte eingehen, sei es ein Weltmeisterschaftsspiel oder ein Vierkampf, bei dem auch dem letzten Zuschauer auf irgendeiner Ebene klar wird, daß das, was in der Arena geschieht, mehr ist als ein Spiel, nämlich ein Ereignis von schmerzhafter Schönheit und Zwangsläufigkeit. Während Richard und sein *Uke* immer noch kniend mit der Präzision und Formalität einer Teezeremonie eine Reihe von Attacken und Griffen vorführten, wurde die Stille im *Dojo* noch tiefer und vibrierender. Nadeau sagte die nächste Serie von Techniken an. Der *Uke* erhob sich und griff den immer noch knienden Richard an, der die Angriffe mit weit ausholenden kreisförmigen Bewegungen abfing. Seine Gesten wa-

* Sprich »O-Ssensseh«; ehrerbietige japanische Anrede für einen Lehrer, eine als überlegen betrachtete Person. (Anm. d. Übs.)

ren so weich und flüssig, daß sie die Zeit einzufangen und ihren Gang zu verlangsamen schienen. Manchmal, wenn Richard seinen Angreifer mit einer Hand auf die Matte nagelte, streckte er die andere mit einer balancierenden Geste aus, die ich beim Training nie an ihm gesehen hatte. Diese geschmeidige, androgyne Bewegung war offensichtlich nicht nötig, um seinen Körper im Gleichgewicht zu halten. Es war, als ob Richard seine Hand nach einem Punkt jenseits der vier Wände des *Dojo* ausstrecke, der den Kosmos im Gleichgewicht hält.

Nadeau sagte die nächste Folge von Techniken an, bei der sowohl Angreifer als auch Verteidiger aufrecht stehen. Als sich Richard von den Knien erhob, ging eine leichte Bewegung durch den Raum; die Anwesenden blickten da und dort zu den Fenstern oder den Lampen auf. Unerklärlicherweise war der Raum plötzlich deutlich heller geworden.

Von diesem Punkt an bis zum Ende der Geschichte stütze ich mich nicht bloß auf meine eigenen Wahrnehmungen, sondern auf diejenigen mehrerer anderer Personen einschließlich Richards, die ich alle am nächsten Morgen anrief. Ohne einem von ihnen zu erzählen, was die anderen gesagt hatten, begann ich einen lückenlosen Bericht über die Ereignisse des vergangenen Nachmittags zusammenzufügen. Meine Informanten waren sich nicht über jede Einzelheit einig, aber die Übereinstimmung reichte aus, um ein klares Bild zu ergeben. Ich präsentiere es hier einfach als einen Konsens subjektiver Berichte.

Jeder, mit dem ich sprach, hatte das Hellerwerden bemerkt, als sich Richard von den Knien erhob. Manche hatten auch eine Aura um seinen Körper wahrgenommen, die einige als »golden«, andere als »durchsichtig« beschrieben. Mit dem Fortschreiten der Prüfung erhöhten sich das Tempo und die Intensität der Angriffe, dennoch hatte man den allgemeinen Eindruck, daß die Zeit langsam und gelassen wie im Traum voranschreite. Das geräumige *Dojo* wirkte plötzlich kleiner, ein ungewohntes Gefühl der Nähe ergriff die Aikido-Kämpfer und Zuschauer um die Matte herum, als würden wir Zeuge von etwas, das gewöhnlich unseren intimsten Augenblicken vorbehalten ist. Bei einem rasanten Angriff, einem harten Stoß gegen den Bauch, glitt Richard blitzschnell auf die Seite und machte eine verwirrende Handbewegung, die keiner von uns jemals gesehen hatte. Ohne berührt worden zu sein, stürzte der *Uke* mit einem lauten Krachen auf die Matte. Dieser ziemlich formelle junge Mann, stets penibel auf das Dekorum bedacht, lag einen Augenblick da, sah erstaunt zu Richard auf und brach dann in Lachen aus. Richard konnte sich später nicht an diese erstaunliche Technik erinnern oder sie rekonstruieren. Richard seinerseits wurde von dem Gefühl erfaßt, daß er überhaupt nichts »tue«, daß vielmehr alle Bewegungen seines Körpers ohne Gedanken oder Mühe »einfach geschahen«.

Die Prüfung ging in dieser Art weiter wie ein langes, hypnotisierendes Musikstück. Es folgten die Wurftechniken und die Verteidigung gegen Messerangriffe. Dann, als Nadeau den *Uke* zum Angriff im Freistil aufforderte, schien es im Raum noch lichter zu werden, und der Schimmer, welcher Richard umgab, wurde dichter, heller und nahm einen unverwechselbaren Goldton an. Die geniale Idee des Aikido besteht darin, den heftigsten Angriff in einen Tanz zu verwandeln, indem man sich ihm überläßt. Was wir da auf der Matte sahen, war die Quintessenz des Tanzes – weder gewaltsam noch zart, weder destruktiv noch schöpferisch, weder männlich noch weiblich, sondern die Zusammenziehung all dieser scheinbaren Gegensätze zu einem Punkt des Gleichgewichts.

In einem besonders leuchtenden Augenblick brach Nadeau die Freistil-Angriffe ab und gab Richard eine Minute Zeit, um vor dem Mehrfachangriff einen Moment zu verschnaufen. Richard wandte sich von den Zuschauern ab, wie es die *Dojo*-Etikette vorschreibt, um seine Gi-Uniform in Ordnung zu bringen. Dabei blickte er zu dem Porträt von O Sensei auf. Ein mächtiger Bogen von goldenem Licht schien von den Augenbrauen O Senseis auf Richards Haupt niederzuströmen und ihn in Gold einzuhüllen. In diesem Augenblick schien es uns, daß das *Dojo* zum drittenmal heller wurde. Als der Angriff der drei Männer in vollem Schwung war, erschien der ganze Saal wie von innen her mit einem wunderbaren, heiteren, fast greifbaren Licht erfüllt.

Für denjenigen, der es zum erstenmal sieht, sind die sausenden, wirbelnden, stürzenden Bewegungsabläufe eines *Randori* einfach überwältigend; die Sinne können nicht schritthalten. Erfahrene Aikido-Kämpfer verfolgen die Techniken und Manöver und registrieren die Unterbrechungen des Energiefeldes, welches Verteidiger und Angreifer vereint. Aber an diesem Tag empfanden sowohl die Zuschauer als auch die Experten Richards *Randori* als reine Harmonie, einen Ausdruck der Versöhnung aller Gegensätze. So hart und blitzschnell die Schläge auch ausgeführt wurden, da war niemand, den sie hätten treffen können, denn Richard war stets die bewegliche Mitte, die alle Gegensätze in vollkommener Balance hielt. Er selbst empfand keinerlei Mühe oder Anstrengung; er hörte nur eine Stimme in seinem Kopf, die ständig wiederholte: *»Dies ist nicht Richard. Dies ist nicht Richard.«* Hier im Auge des Sturms, aller Gewißheit beraubt, die ihm immer lebensnotwendig erschienen war, ohne Unterstützung durch seinen Lehrer, ja sogar seines Namens entkleidet, fand Richard die Erlösung, von der er nicht gewußt hatte, daß er sie suchte. Es kam ihm erst gar nicht in den Sinn, daß er getroffen oder in die Zange genommen werden könnte. Wenn es sein mußte, hätte er ewig so weitermachen können, wobei er sich die ganze Zeit bewußt war, daß nicht »er« es war, der da handelte. Die Stimme in seinem Inneren war unmißverständlich: *»Dies ist nicht Richard. Dies ist nicht Richard.«*

»Nach dem *Randori*«, sagte einer der Anwesenden, die ich am nächsten Morgen anrief, »saß ich da wie betäubt. Ich konnte mich nicht einmal bewegen. Erst, als die nächste Prüfung begann und der Bursche im Vergleich zu Richard eine so plumpe Technik an den Tag legte, wurde ich zu der Erkenntnis wachgerüttelt, was da vor sich gegangen war – und das jagte mir wirklich einen Schauer den Rücken hinunter. *O Sensei war in diesem Raum gewesen.* Ich *wußte* es. Ich hatte seine Anwesenheit gespürt. Diese plumpe Technik lieferte den Kontrast, der nötig war, damit es mir klar wurde. O Sensei war die ganze Zeit während Richards Prüfung dagewesen.«

Ich und Identität

Die Grenzen des »Wirklichen« sind heute nicht mehr annähernd so klar, wie sie einst schienen. Eine Reihe von Beobachtern hat darauf hingewiesen, daß Wahrnehmung nicht rein objektiv ist, sondern vielmehr stark durch einen gesellschaftlichen Konsens beeinflußt wird, der uns von frühester Kindheit an in mehr oder weniger subtiler Weise eingeimpft wird. Diese Konsens-Realität wird, wie man uns klarmachte, bis zu einem gewissen Grad durch Sitte und Konventionen bestimmt. Sie wird auch stark durch die Spannweite und selbst die Struktur der Sprache beeinflußt. Erlebnisse und Wahrnehmungen, für die es keine allgemein akzeptierten Begriffe gibt, werden oft herabgesetzt und manchmal völlig ausgelöscht.

Die Konsens-Realität wird ebenfalls geformt und gewahrt durch eine überall vorhandene Abgrenzung, die im allgemeinen als »Ich« bezeichnet wird.* Das Ich ist nicht eine Struktur *innerhalb* des Gehirns, des Körpers und der Sinne, sondern vielmehr eine spezielle Art, die Beziehungen zwischen Gehirn, Körper, Sinnen und Umwelt zu strukturieren. Das Ich gewährleistet, daß sich das Individuum als losgelöste, selbst-bewußte, über einen Willen verfügende Person begreift, welche in der Welt wirkt und auf die die Welt ihrerseits einwirkt. Durch dieses Ich-Verständnis kann das Individuum Aufgeblasenheit und Schuldgefühle erleben, Anerkennung und Vorwürfe ernten. Außerdem ist das Ich nicht nur ein Spiegel der verschiedenen Strategien, die das Individuum für den Umgang mit der Welt entwickelt hat – und von denen die meisten, wie Freud demonstrierte, von frühen Familieninteraktionen abgeleitet sind –, es *besteht* aus diesen.

In unserem Kulturkreis beginnen sich die ersten schwachen Konturen des Ich im Alter von zwei Jahren zu zeigen. Dann nimmt es wie ein fotografischer Abzug, der entwickelt wird, im universellen Bad der sozialen Konditionierung allmählich Form, Tiefe und Details an, bis das Bild im Alter von acht oder neun Jahren einigermaßen vollständig ist. Jede Kultur tendiert dazu, bestimmte Ich-Merkmale hervorzubringen. So ist das westliche Ich bekanntlich stärker auf die Zeit und den Fortschritt hin

* »Ich« wird hier im Sinne einer fundamentalen Realitätsabgrenzung verwendet und subsumiert somit das Freudsche Ich und Über-Ich.

orientiert als das des Ostens, welches sich mehr auf die räumlichen Aspekte des Daseins konzentriert und eine relativ gelassene und zynische Einstellung gegenüber dem Fortschritt aufweist. Jedenfalls entwickelt das normale Individuum in allen modernen Kulturen ein Ich, und die zivilisierten Gesellschaften, wie wir sie heute kennen, wären ohne es undenkbar.

Man hüte sich daher vor jeder leichtfertigen Abwertung des Ich. Wer kein starkes Ich entwickelt, findet nicht nur keinen Halt in der Gesellschaft, sondern ist auch leichte Beute für jene psychischen Trips, die die Grenzen des sozial Akzeptablen zu sprengen suchen. Andererseits geht aus den Unterweisungen aller großen spirituellen Lehrer klar hervor, daß uns eine tiefere und lebendigere Realität jenseits der Sprache, jenseits der gesellschaftlichen Konventionen und insbesondere jenseits des Ich erwartet. Zu allen Zeiten haben diese Lehrer rigorose und scharfsinnige Methoden ersonnen, um den Schüler der ihm lebenslang vertrauten Realitätsstruktur zu entwöhnen: etwa die verschiedenen klösterlichen Disziplinen, die verbal unauflöslichen Sufi-Geschichten und Zen-*Koans* sowie direkte Angriffe auf die Sprache und das Ich.

Vielleicht haben Sie bereits erkannt, daß Robert Nadeaus Behandlung von Richard ein klassisches Beispiel des Prozesses ist, den man als »Ich-Reduktion« bezeichnet. Wir haben Richard als begabten, fähigen Mann mit einem starken, ziemlich komplexen Ich kennengelernt. Nach drei Monaten scheinbar grausamer und demütigender Behandlung sahen wir ihn auf der Matte, gerade jener Aspekte seines Ichs beraubt, die er für seinen Erfolg und sein Überleben als die wichtigsten ansah – schließlich, wenn auch nur für kurze Zeit, seines Ich als solchem entkleidet.

Wir wurden dann Zeugen einer nach Ansicht aller sachkundigen Beobachter außerordentlichen, künstlerisch-transzendenten Leistung. Wir entdeckten darüber hinaus, daß Richards Erfahrung anscheinend viele der Anwesenden in einer synchronen und generell übereinstimmenden Weise berührte, bzw. von ihnen geteilt wurde. Ich möchte dies als einschlägiges Beispiel nicht im Sinne objektiver Fakten, sondern reiner Erfahrung heranziehen und kurz die Frage erörtern, in welchem Zusammenhang es mit dem steht, was ich als Identität und Holonomie bezeichnet habe.

Das Ich kann vor allem als eine spezifische, unbezweifelbare Schranke gegen die Erfahrung der Holonomie angesehen werden. Es gestattet Wahrnehmungen des Abgetrenntseins von der Welt. Die zentrale Aussage der östlichen Mystik, *tat tvam asi* (»Das bist du«), das heißt, das Individuum ist mit allem übrigen eins, stellt eine Herausforderung für das Ich in jeder Kultur dar und eine Beleidigung für das westliche Ich. Um das Aufgehen im Einen zu erreichen, welches das *sine qua non* der mystischen Erfahrung darstellt, ist es zweifellos notwendig, das Ich abzustreifen. Immer auf der Hut, unterbindet das Ich die Erfahrung des Einsseins und macht das Erlebnis des Verbundenseins schwierig und unwahrscheinlich. Unser »Ich« hält eigensinnig an seiner Abgetrenntheit fest.

Man könnte somit annehmen, daß dieses Ich, welches sich so antithetisch zur Holonomie verhält, auf jeden Fall mit der wesenhaften menschlichen Eigenschaft der Identität verbündet, wenn nicht gar dasselbe wie diese sei. Ich bin da jedoch ganz anderer Meinung, nämlich, daß das Ich die Erfahrung der Identität genauso behindern kann, wie es die Erfahrung der Holonomie behindert. Das Ich urteilt; Identität ist jenseits der Beurteilung. Das Ich nimmt den ewigen Augenblick, aus dem sich das

Universum entfaltet, entweder vorweg oder beobachtet ihn. Die Identität existiert nur in diesem Augenblick. Das Ich ist eine von der Gesellschaft geforderte Entität, die sowohl der Gesellschaft als auch dem Individuum am dialektischen Spannungspunkt zwischen den beiden dient. Die Identität dient zu nichts; sie *ist* einfach. Das Ich entspringt den unverwechselbaren Rhythmen der Identität, kann aber, sofern es durch die widersprüchlichen Diktate der Gesellschaft hin- und hergerissen wird, an Rhythmusstörungen leiden. Die Identität ist immer im vollkommenen Rhythmus, denn sie *ist* dieser Rhythmus. Das Ich kann einen Namen annehmen, und ein Name kann tiefe Wurzeln haben, die bis in die Sphäre der Identität hinunterreichen. Aber die Identität als solche hat keinen Namen, denn ein Name kann kopiert werden; der wesenhafte Rhythmus der Identität hingegen ist einmalig unter all den anderen Entitäten des Universums. *»Dies ist nicht Richard«* war somit keineswegs eine Klage über den Verlust der Identität, sondern ein Freudenschrei über ihre Entdeckung.

Das Ich kann sowohl die Erfahrung von Identität als auch die Erfahrung von Holonomie behindern, weil Identität und Holonomie ihrem Wesen nach zwei Aspekte, zwei Betrachtungsweisen des Gleichen sind. Holonomie ist die immanente Einheit des Universums, die sich in gewisser Weise in allen ihren Partikeln spiegelt oder darin enthalten ist. Identität ist die Mannigfaltigkeit des Universums, die sich in der Einzigartigkeit aller seiner Teile ausdrückt.

Die fundamentalste Erfahrung, die tiefer als Konventionen, Sprache und Ich liegt, ist das Begreifen des Wechselspiels zwischen den beiden. Die menschliche Erfahrung schließt dieses Wechselspiel ein und ist in ihm enthalten, ein Wechselspiel, das nur in der brennenden Intensität des unwiederholbaren gegenwärtigen Augenblicks zu finden ist und in dem sich das geheimnisvolle, überwältigende Gefühl des »Ich-Seins« einstellt. Hier an diesem Kreuzungspunkt scheinbarer Gegensätze ist alles gegenwärtig und vollkommen verbunden, nichts ist unmöglich und es gibt nur Harmonie.

Unsere nächste Geschichte zeigt, was an diesem Punkt geschehen kann. Da sie den wilden, ungewissen Yoga der Liebe berührt, widersetzt sich diese Geschichte einer einfachen Nacherzählung. Der Romancier V. S. Naipaul hat geschrieben: »Eine Autobiographie kann die Fakten entstellen, kann sie neu anordnen. Aber die Fiktion lügt nie; sie enthüllt den Schreibenden total.« Nach absoluter Wahrheit strebend, will ich daher die Namen der Personen ändern und die folgenden Ereignisse in das enthüllende Idiom der Fiktion transponieren.

Der Doppeldecker

Bill war eine Art Literat, Mary eine Vollblutkünstlerin. Der Zufall führte sie zusammen, ihre Bekanntschaft entwickelte sich zu einer Freundschaft, und aus ihrer Freundschaft wurde etwa zwei Minuten später gegenseitige Anziehung, worauf es nur eine Frage der Zeit war, wann sie eine intime Beziehung beginnen würden. An einem schönen Apriltag aßen sie in einem Restaurant mit Blick aufs Meer zu Mittag und leerten eine Flasche Wein dazu. Dann machten sie einen kurzen Spaziergang zu einem in der Nähe befindlichen Vergnügungspark, bevor sie zu dem abgelegeneren Teil des Strandes fuhren, wo sie ein Motelzimmer reserviert hatten. Mit jedem Schritt fiel ein Stück der Zwänge ihres bisherigen Lebens von ihnen ab.

»Hast du Lust, Achterbahn zu fahren?« fragte Bill.

»Nicht notwendig«, antwortete Mary, die Hand auf ihren Magen pressend. »Ich fühle mich schon wie auf der Achterbahn.«

»Ich auch. Ehrlich gesagt, ich hasse diese Dinger. Es ist komisch – in der Air Force habe ich jede Flugakrobatik betrieben, die du dir vorstellen kannst. Ich konnte mit dem Kopf nach unten im offenen Cockpit eines Doppeldeckers hängen und mich dabei pudelwohl fühlen. Aber vor der Achterbahn habe ich einen Bammel. Es ist irgendwie anders.«

Bei diesen Worten wurde Bill von Erinnerungen überwältigt, und er begann Mary über seine Ausbildungszeit bei der Air Force zu erzählen, über den Stearman-Doppeldecker, in dem er und Tausende anderer Piloten fliegen lernten, und über die ungetrübte Freude, an einem heißen Sommertag fast 2000 Meter hoch zu steigen und dann mit Saltos vorwärts, rückwärts und seitwärts bis auf 300 Meter herunterzukurven.

»Weißt du, was eine gerissene Rolle ist?« fragte er sie.

»Keine Ahnung«, lachte Mary. »Was ist eine gerissene Rolle?«

»Also . . .«, er unterbrach sich, um ihr in die Augen zu sehen, und fuhr dann fort. »Das geht so: Du drückst ein bißchen nach unten, um Fahrt zu kriegen, dann ziehst du den Knüppel an, und sobald der Bug über den Horizont steigt, reißt du den Knüppel kräftig zurück, etwa so, damit blockierst du bei hoher Geschwindigkeit, dann haust du den Knüppel ganz nach rechts und gleichzeitig trittst du voll in das rechte Seitensteuer. Und dann hast du das Gefühl, daß die ganze Kiste auseinanderbricht, der Wind pfeift durch die Drähte und Verstrebungen und du drehst dich voll auf den Rücken, und wenn du genau in Rückenlage bist, steigst du in das linke Seitensteuer, um die

Drehung zu verlangsamen, und wenn du ungefähr wieder gerade bist, drückst du den Knüppel nach vorne und neutralisierst das Seitensteuer. Ist dir das klar?«

»Total verwirrend«, lachte sie. »Bitte erzähl weiter.«

»Ich wünsche mir wirklich, daß ich dir das irgendwie zeigen könnte. Wenn ich bloß eine Stearman da hätte. Ende des Krieges gab es Tausende, man bekam sie praktisch geschenkt. Jetzt kriegst du keine mehr, egal zu welchem Preis. Mensch, ich möchte dir das so gerne zeigen.« Aus irgendeinem Grund erschien es Bill ungeheuer wichtig. In seinem Nacken war ein Prickeln, als ob diese Sache mit der Stearman und der gerissenen Rolle irgendeine tiefere Bedeutung hätte.

»Und wie steht's mit einem Looping?« fragte er. »Sicher weißt du, was ein Looping ist.«

»Nein, weiß ich nicht«, antwortete Mary, ihm ein Lächeln zuwerfend. »Erzähl mir, was ein Looping ist.«

Er begann es ihr zu erklären, in dem Bewußtsein, daß die buchstäbliche Bedeutung seiner Worte ohne Belang war und daß er sagen konnte, was er wollte, und sie antworten konnte, was sie wollte, und es auf jeden Fall gut sein würde. Aber da war immer noch das Kribbeln in seinem Nacken und ein etwas unheimliches Gefühl, daß das Thema, auf das er da zufällig gekommen war, eine Bedeutung hatte, die sein Verständnis überstieg.

Sobald sie sich in ihrem Zimmer befanden, war das Thema jedoch vergessen, und sie näherten sich einander mit einem Minimum an Zögern und Befangenheit. Es war eine Bestätigung jedes Blicks, jedes Wortes und jeder Berührung, die sie ausgetauscht hatten, und mehr noch, ein Abstreifen jedes verbleibenden Hemmnisses. Und da war noch etwas: An einem bestimmten Punkt ließen sie das Ich, selbst die Begierde hinter sich und gelangten in einen Zustand, in dem es nur das Gefühl des Daseins in seiner ursprünglichsten und vibrierendsten Form gibt. Vielleicht ist es dieser Zustand, zu dem trotz aller verschlungenen Umwege, die wir erfunden haben, jede geschlechtliche Liebe führt. Er wird jedoch in unserer selbst-bewußten Kultur selten erreicht, und Bill und Mary kehrten etwas benommen in die Welt des Ich und der Begierden zurück.

Sie kleideten sich an und gingen hinaus, um einen Spaziergang am Strand zu machen. Eine hohe Wolkendecke, hellgrau mit einem schwachen Perlmuttschimmer, hatte sich unter die immense Wölbung des Himmels geschoben. Es regte sich kein Lüftchen und die See war außergewöhnlich glatt. Milde, meeresfrische Luft streichelte ihre Wangen, und der Sand war kühl und feucht unter ihren nackten Füßen. Bill und Mary gingen nahe nebeneinander, ohne zu sprechen, durchdrungen und eingehüllt von einem ungewohnten Gefühl der Klarheit und Ruhe. Es gab jetzt keine Eile; die Zeit berührte sie nicht.

Sie begegneten nur einem Menschen auf ihrem Spaziergang: einer jungen Frau, die Eimer und Spaten trug. Ihr Gesicht war rund und rosig, und sie lächelte ihnen zu, als hätte sie sie schon immer gekannt.

Nachdem sie etwa zwei Kilometer weit diesen seltsam verlassenen Strand entlanggegangen waren, blieben Bill und Mary stehen und sahen einander in dem gleichmäßigen Licht des bewölkten Nachmittags an.

»Sollen wir umkehren?« fragte Bill.

Mary nickte. Als sie kehrtmachten, wurde Bills Aufmerksamkeit von einer Bewegung am Himmel über den Hügeln nahe der Küste gefesselt. Er verharrte regungslos, sah genauer hin und erkannte einen einsamen Doppeldecker, der vom Land her in Richtung Meer, ja direkt auf sie beide zuflog.

»Na, so was, Mary. Ich glaube, es ist eine Stearman. Das Flugzeug, von dem ich dir erzählt habe.«

Das Flugzeug setzte seinen schnurgeraden Kurs auf sie fort, in ziemlich hohem Tempo, als verfolge es eine bestimmte Absicht.

»Es *ist* eine Stearman«, bemerkte Bill. »Eine rabenschwarze Stearman.«

Das Flugzeug flog direkt über sie hinweg, nicht sehr hoch; Bill vermutete etwa 800 Meter. Es flog ein Stück weit auf das Meer hinaus, wendete dann scharf und überflog sie nochmals. Über dem Land machte die schwarze Stearman erst eine scharfe Kurve nach rechts, dann nach links.

»Ich glaube, er inspiziert das Gelände für den Kunstflug«, meinte Bill. »Das haben wir auch jedesmal gemacht. Vielleicht macht er eine gerissene Rolle.«

Sobald er diese Worte ausgesprochen hatte, kippte der Doppeldecker nach unten, um an Fahrt zu gewinnen. Während des kurzen Sturzflugs war die Kanzel des Flugzeugs direkt auf Bill und Mary gerichtet, als sei dies ein Zeichen für sie; sein Kurs wich nicht um ein Grad nach links oder rechts ab. Dann zog es abrupt hoch und machte eine perfekte gerissene Rolle.

»Das ist eine gerissene Rolle«, sagte Bill. »Genau, was ich dir vorhin zu erklären versuchte. Mein Gott, das ist seltsam.«

Der Doppeldecker flog übers Meer hinaus und machte zwei weitere Aufklärungskurven.

»Jetzt macht er noch eine Rolle«, sagte Bill leise.

Wieder flog der Doppeldecker direkt auf die beiden zu, diesmal vom Meer aus, und machte eine Rolle. Bill ließ seine Blicke schweifen: Marys Augen, die endlose, ruhige See, die ungeheure Kuppel der Wolken. Dann blickte er wieder zu dem Doppeldecker auf. Die materielle Welt löste sich nicht etwa vor seinen Augen auf. Alles war scharf und deutlich, unerbittlich an seinen angestammten Platz fixiert, sogar noch frischer und lebhafter als zuvor. Aber eine bedeutsame Veränderung vollzog sich in bezug auf die Verbindung zwischen ihm und allem, was er wahrnahm. Der Doppeldecker machte wieder eine Rechts- und eine Linkskurve.

»Jetzt macht er ein Looping«, sagte Bill fast in einem Flüsterton.

Dieses Mal flog die Maschine nicht direkt auf sie zu, sondern machte ein Looping genau über der Trennlinie zwischen Meer und Strand. Als sie zum Salto hochzog, sah Bill einen irisierenden Farbschimmer auf den Tragflächen. Es wurde ihm klar, daß der Doppeldecker nicht schwarz, sondern tief dunkelblau war. Nach dem Looping drehte das Flugzeug wieder in die Richtung, aus der es gekommen war, und flog in derselben zielstrebigen Art, die es bei seinem Eintreffen gezeigt hatte, schnurstracks davon und verschwand hinter den Hügeln.

Während Bill dastand und die Hügel ansah, hinter denen das Flugzeug verschwunden war, rasten seine Gedanken von einer Möglichkeit zur anderen auf der Suche nach einer rationalen Erklärung für das, was sich eben abgespielt hatte. Wie war es möglich, daß das Flugzeug genau zur richtigen Zeit genau an diesen Ort gekommen war, um genau die Manöver zu vollführen, die zu erklären ihm vorher so wichtig erschienen war – nur diese und keine anderen? Es war, als habe das Flugzeug unter seiner Kontrolle gestanden oder als sei das ganze konkrete Ereignis sein Werk gewesen oder als habe der Pilot *gewußt*, was er wollte, und habe seine Wünsche befolgt. War es möglich, daß der Flugzeugführer sein Gespräch mit Mary im Vergnügungspark mitgehört hatte und dadurch auf den Gedanken mit der Rolle und dem Looping gekommen war? Aber welche Erklärung gab es für den Ort – sie befanden sich mehrere Kilometer von dem Vergnügungspark entfernt – und für den Zeitpunkt? Und außerdem hatte sich niemand in der Nähe befunden, der ihm zugehört haben könnte.

Vielleicht war es einfach Telepathie, hatte Bill dem Flugzeugführer irgendwie signalisiert, was er von ihm wollte. Aber das überzeugte ihn nicht. Eine wahrscheinlichere Erklärung, falls er das Paranormale heranziehen mußte, war Präkognition, Hellsehen. Was er Mary in ihrem früheren Gespräch beschrieben hatte, basierte auf der Vision eines künftigen Ereignisses. Das leuchtete ihm zumindest teilweise ein. Oder vielleicht hatte er in der verwirrenden Ungewohntheit der neuen Liebesaffäre sich das frühere Gespräch bloß eingebildet oder es post factum geträumt. Diese Möglichkeit konnte er überprüfen.

»Mary«, fragte er, »habe ich zu dir gesagt, daß ich dir gern eine Rolle und ein Looping zeigen möchte? Ich meine, habe ich dir den Stearman-Doppeldecker und die gerissene Rolle und das Looping beschrieben, als wir nach dem Essen spazierengingen und als wir daran dachten, mit der Achterbahn zu fahren?«

»Allerdings«, erwiderte sie lachend. »Du hast mir die gerissene Rolle genauer erklärt, als ich kapieren konnte.«

Vielleicht war es einfach Zufall, dachte Bill. Aber nein, es war zu unwahrscheinlich; diese Erklärung war inakzeptabel. Und die Einzelheiten des Ereignisses – die Flugrichtung des Doppeldeckers, die Reihenfolge – konnte vernünftigerweise nicht dem Zufall zugeschrieben werden. In Bills Kopf drehte sich alles. Sein Widerstand gegen die tiefere Wahrheit der Sache – eine Wahrheit, die ihn zwingen würde, seine Auffassung der Realität zu ändern – desorientierte ihn und machte ihn schwindlig.

Aber da war noch eine andere Möglichkeit: Vielleicht

war er einem Trugbild erlegen. Vielleicht war das alles nicht geschehen oder anders geschehen, als er es wahrgenommen hatte. Aber diese Einwände, dachte er, waren nun wirklich kleinmütig. Er wußte, daß sich Mary weniger als er für die Einzelheiten der Manöver interessierte, aber sie war nicht weniger als er in das größere Ereignis, die unerwartete Öffnung einer neuen Welt, verstrickt. Jetzt, als sie einander ansahen, schien die konventionelle Zeit stillzustehen, und beide tauchten in eine Woge des außerordentlichen Zustandes, den sie vor kurzem erlebt hatten und den ihnen der nahende Abend aufs neue versprach. Sie nahmen einander bei der Hand und machten sich auf den Rückweg in ihr Motel.

Ein paar hundert Meter weiter kamen Bill und Mary an einem Paar vorüber, das am Strand saß. Eine weitere Gelegenheit ergreifend, sich das bestätigen zu lassen, was er eben erlebt hatte, ging Bill zu ihnen hin und begann ohne Einleitung ein Gespräch mit ihnen.

»Haben Sie vor einer Minute den Doppeldecker gesehen?«

»Ja«, antwortete der Mann freundlich. Er war schlank und drahtig mit dunklem, gewelltem Haar. Die Frau war brünett, ihre Augen leuchteten in dem geröteten Gesicht; sie trug ein lavendelfarbenes Kleid. Sie hielten einander an den Händen und saßen mit der Intimität von Liebenden beisammen.

»Könnten Sie mir sagen, was er gemacht hat?« fragte Bill.

»Zwei Rollen und ein Looping.«

»Sind Sie Flieger?«

»Ich war im Koreakrieg Radarnavigator in der B-47.«

»Und Sie sind sicher, daß das Flugzeug zwei Rollen und ein Looping gemacht hat. Was für ein Flugzeugtyp war es?«

»Sah aus wie eine alte Stearman.«

»Welche Farbe war es?«

»Ich bin mir nicht sicher. Es sah schwarz aus.«

Während dieses Dialogs antwortete der Mann, ohne das Gefühl zu haben, daß es irgendwie ungewöhnlich sei, auf diese Weise von einem Fremden ausgefragt zu werden. Im Gegenteil, er und Bill lächelten während des ganzen Gesprächs, als befänden sie sich in irgendeinem Komplott. Sie plauderten noch ein, zwei Minuten über Air-Force-Erlebnisse, bevor sie sich trennten, und in diesem Augenblick schienen die beiden Männer und die beiden Frauen in perfekter Komplizenschaft miteinander verbunden.

Von da an ließ sich Bill einfach treiben. Sein eigenes Erlebnis nicht mehr in Frage stellend, lebte er eine Zeitlang in einer anderen Welt. Die körperliche Vereinigung der Liebenden war nicht anders als Wind, der durch Schilf streicht, oder Salz, das sich in Wasser löst. Es bedurfte keiner Mühe, und alles, was geschah, war austauschbar, unvermeidlich und kostbar. Bill war weder der Manipulierende noch ein Beobachter, sondern eine lebendige Präsenz, Zeuge des Nexus aller Ereignisse. Was er wahrnahm, fand statt. Seine Intentionen waren die Intentionen der Welt. Jedem anderen das gleiche Privileg einräumend, stand er gelöst genau im Mittelpunkt des Universums. An dem sonnendurchfluteten Tag, an dem Mary und er aus dem Urlaubsort zurückfuhren, saß er am Steuer des Autos, dessen Tachometer auf 90 zeigte, und hatte dabei das Gefühl, absolut stillzustehen. Die Stadt mit all ihren Menschen und Gebäuden, ihren Wundern und Wonnen kam majestätisch und unerbittlich immer näher auf ihn zu, genau wie er es wünschte, genau wie es beabsichtigt war.

Solange er fortfuhr, die Welt in dieser neuen Weise

wahrzunehmen, reagierte diese mit einem kleinen Wunder nach dem anderen. Mehrmals begegneten sich Mary und er in bezaubernder und unerwarteter Weise aufgrund von etwas, das er normalerweise als Zufall bezeichnet haben würde, doch jetzt schien nichts aus Zufall zu geschehen. Im dichtesten Verkehr zu fahren, wurde zu einem puren Vergnügen, da sich, manchmal im letzten Augenblick, immer eine Lücke für ihn auftat. Einmal tauchte ein Forschungsbericht mit Daten, die er seit Monaten gesucht hatte, unerklärlicherweise auf seinem Schreibtisch auf; er kam nie dahinter, wie er da hingelangt war. In dieser Zeit begann Bill das Wundersame einfach als »wie die Dinge in Wirklichkeit sind« zu betrachten. Wenn es einer Erklärung bedurfte, mochte man die Jungsche Idee der Synchronizität bemühen. Aber es gibt traditionellere Bezeichnungen: Bill war in einem Zustand der Gnade. Er ging mit Gott.

Aber die Kräfte der Homöostase sind mächtig, und die Welt, die wir geschaffen haben, verfügt über tausend subtile Mittel, uns von der Gnade wegzuziehen. Innerhalb von zwei Wochen hatte Bill viel von der Glut, der mühelosen Gewißheit verloren, die ihm am Strand zuteil geworden war. Aufs neue betrachtete er sich als abgetrennt von der Welt. Er nahm zufällige Ereignisse wahr. Er nahm Anstrengung wahr. Was er wahrnahm, wurde Wirklichkeit.

Und dennoch blieb ihm etwas aus der anderen Welt. Nie wieder mochte Bill leichtfertig über die Erfahrungen anderer urteilen. Noch konnte er das Wesen der Realität aus einem einzigen starren Blickwinkel sehen. Hinter dem alltäglichsten Ereignis lag für ihn die Möglichkeit der Transzendenz. Hinter den banalsten Dingen verbarg sich die vielgestaltige Pracht aller Zeitalter und Formen. Und manchmal, wenn ihm sein Leben besonders fragmentiert, beschwerlich und sinnlos erschien, beschwor Bill die Erinnerung an den Doppeldecker am Meer, das prickelnde Gefühl der Verbundenheit, die mühelosen Wunder der Nächte und Tage, die folgten. Selbst in den schlimmsten Zeiten hielt ihn diese Erinnerung aufrecht.

Das Existentielle Wechselspiel

Betrachten wir einmal das vertraute Bild, das uns unsere Sinne von der Umwelt vermitteln. Wenn wir auf einem Hügel stehen und eine Landschaft überblicken, können unsere Augen jeweils nur einen winzigen Ausschnitt der gesamten Szene erfassen, dennoch scheint die ganze Szene ständig objektiv und komplett dazusein. Durch das Prinzip der Kamera irregeführt, nehmen wir gemeinhin an, daß sich in unserem Kopf ein Bild befindet, welches eine Reproduktion einer identischen äußeren Realität darstellt. Dies ist keineswegs der Fall. Das »Bild« als solches existiert in der Außenwelt nicht, sondern Schwingungen verschiedener Frequenzen, die durch unsere Sinne umgesetzt werden und im Gehirn eine Reihe von Transformationen durchlaufen, um schließlich nach »außen« projiziert zu werden. Das sensorische Bild kann man als einen Spezialfall innerhalb der Identität betrachten – als jenen Aspekt der Identität, welcher abgetrennt und in Zeit und Raum lokalisiert ist.

Hier taucht ein Problem auf. Jegliche Existenz erfordert, wie wir gesehen haben, Kontext, Beziehungen. Aus konventioneller Sicht ist das sensorische Bild eine Funktion der Beziehung zwischen »Innerem« und »Äußerem« bzw. zwischen dem Selbst und dem anderen. Aber wenn das sensorische Bild einen Sonderfall innerhalb der Identität darstellt, dann können die Unterschiede zwischen dem Inneren und dem Äußeren, dem Selbst und dem anderen nicht mehr fundamental genannt werden. Wie ich bereits angedeutet habe, handelt es sich in letzter Konsequenz um die Beziehung zwischen Holonomie und Identität. Diese Beziehung hat nichts mit »innen« und »außen« zu tun. Sie ist ganz im Rahmen des Kontexts angesiedelt, den ein menschliches Individuum darstellt. Das Bild der Landschaft bezieht seine Bedeutung – mehr noch, seine Existenz – aus einer Beziehung. Diese Beziehung besteht aus einem Vergleich zwischen der Struktur des gesamten Universums, wie sie sich im Kontext des Individuellen und Abgetrennten manifestiert, und einer spezifischen, einzigartigen Sichtweise des Universums (die das sensorische Bild einschließt), ebenfalls ausgedrückt im Kontext des Individuums.

Soll das heißen, daß das äußere Universum unwirklich ist? Keineswegs. Betrachtet man ein Individuum als einen Kontext, dann können Galaxien nach herkömmlichen Raum-Zeit-Begriffen Milliarden von Kilometern entfernt sein, während verborgene Erinnerungen »im Inneren verschlossen« sind. Doch Galaxien wie auch Erinnerungen können als in dem Kontext, den ein menschliches Individuum darstellt, existierend begriffen werden. Man braucht nicht weiter zu gehen, um den Spielplatz der Wirklichkeit zu entdecken.

Vor etwa 300 Jahren vertrat der Philosoph Leibniz eine ähnliche Auffassung, wonach das Universum aus fensterlosen »Monaden« bestehe, deren jede einen Kontext des Universums von einem bestimmten Standpunkt aus gesehen darstelle. Leibniz überließ Gott die Aufgabe, diese zahllosen Monaden zu koordinieren. Dank jüngster Erkenntnisse auf dem Gebiet der Holographie und der Forschungstätigkeit von Neurologen wie Karl Pribram und Physikern wie David Bohm könnte es uns heute eher gelingen, in entsprechend modernen Begriffen zu erklären, was es mit den scheinbar mystischen Monaden von Leibniz auf sich haben könnte.*

Sprache, Konvention und Ich bewirken dennoch, daß wir uns die meisten Beziehungen als zwischen dem Inneren und dem Äußeren, zwischen dem Selbst und dem anderen vorstellen. Das Komplott dieser Faktoren tendiert zur Fabrikation einer fixierten, objektiven Außenwelt, die in diesem Stadium der menschlichen Entwicklung für den Konsens und die Stabilität der Gesellschaft notwendig erscheint. Bedauerlicherweise bewirkt es auch die Erfahrung von Antagonismus und Kampf, Erwartung und Angst, wobei das »innere« Selbst häufig im Kriegszustand mit der »äußeren« Umwelt erlebt wird. Im schlimmsten Fall macht uns dies alles zu Opfern oder Unterdrückern.

Dennoch bleibt am Rande unseres Bewußtseins immer die Ahnung erhalten, daß es sich letztlich um ein Wechselspiel handelt, eine Ahnung, die sich in dem geheimnisvollen »Ich-Gefühl« äußert, von dem ich gesprochen habe, und darüber hinaus in jeder Ahnung eines größeren Zusammenhangs. Ich muß betonen, daß dieses »Ich-Gefühl« nicht bloß subjektives Bewußtsein ist. Am besten könnte man es vielleicht als das Staunen des Ich über eine tiefere Wahrheit beschreiben. Diese Wahrheit ist einfach, daß das Individuum, das »Ich«, der Kosmos *ist.*

Die gewöhnliche Realität kann als ein Bollwerk gegen das Paradoxe definiert werden. Wenn wir uns über diesen Schutzwall hinauswagen und uns einer der großen Fra-

* Siehe Karl H. Pribram, *Languages of the Brain,* Englewood Cliffs, N. J., 1971; und David Bohm, »Quantum Theory as an Indication of a New Order in Physics, Part B: Implicate and Explicate Order in Physical Law«, *Foundations of Physics,* 3:2, S. 130 ff.

gen nähern – nach dem Wesen des Lichts, der Zeit, des Raums oder des Bewußtseins –, stoßen wir überall auf Paradoxe. In einem expandierenden Universum scheint sich unsere eigene Galaxis beispielsweise genau im Zentrum zu befinden – *und dasselbe gilt für jede andere Galaxis.* Jeder Punkt in diesem expandierenden Universum benimmt sich de facto, als ob er das Zentrum des Universums bildete. Dies mag unmöglich klingen, aber in mathematischer Hinsicht ist die Sache ganz einfach.

Im Aikido lehrt man uns, daß unser Zentrum, wenn wir uns seiner voll bewußt werden und die Verantwortung dafür übernehmen, eins mit dem Zentrum des Universums wird. Macht uns dies dominierend, egozentrisch? Im Gegenteil. Die Erkenntnis, daß ich der Mittelpunkt des Universums bin, führt mir vor Augen, daß dasselbe auch für dich gilt, und daß da genügend Raum und Zeit für dich und mich und alle anderen Geschöpfe ist. Wahrscheinlich ist, daß sich der Mensch *ohne* Bewußtsein eines Zentrums aggressiv, habgierig und egoistisch verhält – daß er um Vorherrschaft oder bloßes Überleben kämpft.

Dieses physisch expandierende Universum ist auch ein Universum der expandierenden Möglichkeiten, der Evolution und Transformation. Einzellige Organismen unterliegen der Evolution und Galaxien ebenfalls. Dasselbe gilt für Tierarten und menschliche Kulturen. Und die vorherrschende Richtung dieser Evolution zielt auf zunehmende Komplexität und Ordnung, wobei in jeder Phase neue Informationen und neue Möglichkeiten hinzukommen. In einem solchen Universum wäre es nun durchaus nicht unvernünftig, die paradoxe Vorstellung zu vertreten, die Leibniz durch seinen *deus ex machina* löste: nämlich, daß jedes Geschöpf das gesamte Universum, von einem singulären Standpunkt aus gesehen, *ist* und daß alle diese Universen potentiell harmonisch zusammenwirken können. Das Bewußtsein einer solchen Harmonie ist jedenfalls genau die Erkenntnis, die wir aus jenen Augenblicken mitbringen, in denen es uns irgendwie gelingt, unsere Fesseln abzustreifen, den Zwängen der Sprache, der Konvention und des Ich zu entkommen und das existentielle Wechselspiel unmittelbar zu erleben, die paradoxe Beziehung zwischen Holonomie und Identität innerhalb des Kontexts, den wir unser »Selbst« nennen.

In diesen Augenblicken geschieht, wie unsere Geschichten gezeigt haben, das, was wir wollen, und wir wollen das, was geschieht. Es gibt kein Warten mehr, da sich alles bereits vollzieht. Es gibt keine unerfüllten Wünsche, da sich der Wunsch selbst in dem allgegenwärtigen Augenblick der Erfüllung auflöst. Es gibt keine zufälligen Ereignisse, da wir die Gestalten der Schöpfung sind und alle Dinge durch uns miteinander verbunden werden. Andere um uns herum (andere Universen) berichten, daß auch sie betroffen seien. Wunder scheinen zu geschehen, doch wir halten sie kaum noch für Wunder, sondern meinen, »die Dinge sind eben so«. Das Ich ist nicht zerstört bzw. steht nicht unter Leidensdruck wie in der Schizophrenie, sondern ist transzendiert. In diesem grundlegenden Wechselspiel ist jeder von uns wie Gott, allmächtig und allwissend. Heißt das, daß wir fliegen oder Berge versetzen können? Man kann es nicht sagen. Aber was auch immer geschieht, ist genau das, was geschehen soll. Auf dem Spielplatz der Wirklichkeit, wo die Beziehung zwischen Identität und Holonomie unmittelbar erlebt wird, ist jeder von uns daran beteiligt, die gesamte Existenz zu erschaffen, mühelos, in Augenblicken.

Eines möchte ich hinzufügen: Die Beziehung zwischen

Identität und Holonomie ist immer vorhanden, ob wir gerade Zeuge davon werden oder nicht, sie ist ein lautloser Pulsschlag im Zentrum unserer Erfahrung. Diese Beziehung funktioniert – es kann nicht anders sein – im vollkommenen Rhythmus. So zerrüttet auch unsere Angelegenheiten, so unharmonisch unsere Erfahrungen in Zeiten des Leidens und beim Nahen des Todes, ja selbst inmitten der ödesten Routine sein mögen, dieser vollkommene Rhythmus ist immer da. Wir haben bisher dazu geneigt, diese Art von Vollkommenheit im Bereich des Esoterischen und des Mystischen zu suchen. Aber vielleicht spielt sie im »Alltäglichen« eine größere Rolle, als wir denken.

8
Der vollkommene Rhythmus

Von frühester Kindheit an bringt man uns bei, daß Ziele wichtiger seien als Erfahrungen. Wir lernen, unseren tiefsten Gefühlen zu mißtrauen und unsere natürlichen Rhythmen zu mißachten. Aufgebläht von unseren Taten und Plänen gönnen wir uns keinen Augenblick, in dem unsere persönlichen Rhythmen in vollkommenem Gleichklang mit den Rhythmen des Kosmos schwingen. Deshalb beschäftigen wir uns mit dem Leben der Heiligen und Yogis, denen es durch Gnade oder lebenslängliche religiöse Übungen gelungen ist, Ich und Begierden abzustreifen, um zuletzt das zu erreichen, was T. S. Eliot so beschrieb: »Ein Zustand vollkommener Einfachheit, der nicht weniger kostet als alles.«

Doch im tiefsten Inneren ist jeder von uns ein Yogi und ein Heiliger. Die Beziehung zwischen Holonomie und Identität pulsiert lautlos im Zentrum jedes Lebens. So sehr wir sie auch ignorieren mögen, sie ist da, um uns in den Zeiten der größten Belastung oder Freude zu dienen und uns manchmal bewußt zu werden, wenn wir es am wenigsten erwarten. Das Profane ebensogut wie das Heilige kann uns zum Ursprung des vollkommenen Rhythmus führen. Der Flug eines gut geschlagenen Golfballs kann uns ebenso wie die Klänge eines Gregorianischen Gesangs mit der Musik der Sphären verbinden.

Die Augenblicke des vollkommenen Rhythmus treten de facto wahrscheinlich häufiger auf, als wir uns vorstellen. Wenn wir bereit sind, unser Gedächtnis zu öffnen, kann sich jeder von uns eine oder mehrere dieser Perioden in Erinnerung rufen, als alles »ungeheuer leicht« oder »völlig in Ordnung« schien. Worte werden diesen Augenblicken oft nicht gerecht, sie gleiten zu leicht in Gefühlsduselei oder Pathos ab. Deshalb begnügen wir uns im allgemeinen damit, einfach zu sagen: »Es ist, als sei man genau zur richtigen Zeit am richtigen Ort.« Oder: »Es ist, als ob überhaupt nichts schiefgehen könne.«

Menschen, die man als »die Erfolgreichen« bezeichnet, zählen, wie Jerry Cohen schrieb, zu denjenigen, die häufig diesen Zustand der »Richtigkeit« und Mühelosigkeit erreichen.* Der Autor spricht von den Fällen, wo »ein großes Talent, von dem man annimmt, daß es die Grenzen seiner Leistungsfähigkeit bereits erreicht habe, diese Grenzen durchbricht und sich in unsere Erinnerungen eingräbt«. Tennischampion Arthur Ashe nennt es »in der Zone sein«. Der große Footballstar O. J. Simpson beschreibt sein Erlebnis bei seinen sensationellsten Läufen: Er habe sich selbst wie in einem Tagtraum beobachtet. »Ich lief einfach, so schnell ich konnte. Als es vorüber war, fühlte ich mich gut. Aber irgendwie wußte ich, daß es geschehen würde, obwohl es eine spontane Sache war.«

»Es ist schwer zu erklären, wenn die Dinge gut laufen«, sagt der Dramatiker Neil Simon über die besten Augenblicke seiner Arbeit. »Es scheint mühelos; man ist sehr locker. Alles scheint wie von selbst zu kommen. Wie wenn man im Tennis einen seiner guten Tage hat; kein einziger Muskel ist verkrampft, und man hat das Gefühl, den ganzen Tag lang spielen zu können.«

Der Dramatiker und Drehbuchautor Allan Jay Lerner

* Jerry Cohen, »What Makes Them Winners«, *San Francisco Chronicle*, 3. Feb. 1977.

geht noch einen Schritt weiter: »Wenn die Welt in Ordnung ist, kommt der Fahrstuhl schneller, man wird früher bedient, kriegt leichter ein Taxi, die eigene Frau scheint einen mehr zu lieben. Man liebt die ganze Welt mehr. Ich glaube, die ganze körperliche Verfassung ändert sich.«

Diese »Gewinner« sind Cohen zufolge eine ganz besondere Spezies. »Sie vibrieren nach einem inneren Trommelschlag, der sie von den Zweitbesten unterscheidet.« So trivial und romantisch diese Vorstellung auch erscheinen mag, es ist etwas Wahres dran. Aber vollkommener Rhythmus ist nicht das Privileg weniger. Nach der Auffassung, die ich hier vertreten habe, pulsiert er immer lautlos im Mittelpunkt von jedem von uns und ist zu bestimmten, seltenen Anlässen unserem Bewußtsein zugänglich. Diese Anlässe scheinen außergewöhnliche Umstände vorauszusetzen – Episoden der Gefahr oder Leidenschaft, eine lange Periode intensiver Konzentration, ein Drogenerlebnis oder die totale Erschöpfung der physischen und psychischen Reserven. Auch die plötzliche Nähe des Todes bewirkt oft dasselbe.«

Ein Beispiel: Eine schöne Frau in reiferem Alter, die ich Julia nennen will, erfährt von ihrem Arzt, daß ein Knoten in ihrer Brust bösartig sein könnte. »Was mir dabei sofort einfiel«, erzählte sie mir, »war der Tod von zwei guten Freundinnen, bei denen es genauso, mit dieser Nachricht, begonnen hatte. In diesem Augenblick rückte ich einfach einen Stuhl weiter, einfach so. Es kam mir vor, als ginge ich neben mir her. Mein eigentliches Ich stand neben der Frau, die da Dinge erledigte.«

Julia war freiberuflich als Unternehmensberaterin tätig. Am Tag nach ihrem Termin beim Arzt sollte sie zusammen mit einem Kollegen in einer benachbarten Stadt ein Seminar abhalten. Er holte sie ab, und sie machten sich auf die lange Fahrt durch den Stoßverkehr. Normalerweise fürchtete sie diese Fahrten; ihr Kollege war frühmorgens häufig schlecht gelaunt. An diesem Tag jedoch war alles anders.

»Er wirkte irgendwie sanft und komisch. Alles, was er sagte, brachte mich zum Lachen. Es war ein schöner Apriltag, und auf dem ganzen Weg nahm ich Dinge wahr, die mir nie zuvor aufgefallen waren. Da war eine kleine dreieckige Rasenfläche vor einem Mietshaus, die mich an eine Phantasie erinnerte, die ich als Kind gehabt hatte, von einem speziellen Ort, der mir ganz allein gehören würde. Es war die Art, wie die Sonne darauf schien, und die Blumen, die kleinen, weißen, glockenförmigen Blumen, die mich als Kind davon träumen ließen, eine Fee zu sein.

Nun, jedenfalls fuhr ich, ohne Notizen und ohne mir etwas zurechtgelegt zu haben, los und hielt das beste Seminar meines Lebens ab. Alles gelang mir wunderbar. Ich konnte keinen Fehler machen. Und wenn die Teilnehmer mich etwas fragten, dann war es immer genau das, was ich mir wünschte, genau die Dinge, die zu den Antworten paßten, die ich geben wollte. Irgendwie wußte ich, was sie sagen würden, bevor sie den Mund aufmachten. Und dann gab ich die Art von Antwort, die ich mir immer erträumt hatte – kurz, sparsam und treffend.

Den ganzen Tag, vom Augenblick des Erwachens an, war ich von einem *Raum* umgeben, in dem alles absolut *klar* war. Jenseits dieses klaren Raumes war alles gedämpft. Aber in meiner unmittelbaren Umgebung war alles klar. Es ist schwer zu erklären, aber es war sehr deutlich abgegrenzt, als ob man da hineinsteigen könnte.«

Als sich Julia und ihr Kollege auf den Rückweg machten, war es sehr heiß geworden, deshalb zweigten sie von der Autobahn ab, um eine Limonade zu trinken. »Wir gerieten sofort in ein Lokal, das erst vor kurzem eröffnet hatte. Es bestand aus Zementblöcken und war innen in Rot und Rosa gehalten, mit riesigen Bouquets von Plastikblumen auf Resopaltischen. Das Ganze war unfaßbar in seiner Protzerei und Geschmacklosigkeit. Die Kellnerinnen waren aus Hartgummi. Und ich fand es großartig. Ich war entzückt. Ich war in einem Zustand absoluter Euphorie.

Später fuhren wir an der Bucht entlang, und ich sah einen langhalsigen, weißen Vogel dahinfliegen. Er hielt mit dem Auto Schritt, eine Handbreit von der Wasserfläche entfernt. Es war von mathematischer Vollkommenheit. Ich konnte mir die Berechnungen nicht vorstellen, die nötig sein würden, um die Präzision dieses Fluges zu erklären. Der Vogel war da, damit ich ihn sehen konnte, ganz persönlich, er vollbrachte seine phantastische Flugleistung für sich und für mich. Wir waren miteinander verbunden. Alles war miteinander verbunden.«

Julia erfuhr, daß sie nicht Krebs hatte. Die Todesdrohung wich von ihr und mit ihr das Gefühl der Vollkommenheit. »Aber weißt du«, sagte sie zu mir, »manchmal kann ich mir die Gefühle dieses Tages noch für kurze Zeit vergegenwärtigen. Das allein hat mein Leben verändert.«

Der Philosoph Heidegger hat gesagt, daß wir unsere Existenz vergessen, daß wir nur angesichts des Todes oder der Dichtung zu vollem Bewußtsein kommen. Aber es gibt Surrogate für den Tod – beispielsweise totale Erschöpfung und der Verlust einer mühsam erworbenen Fähigkeit. Der Mann namens Richard, der später Aikido-Kämpfer wurde, wurde 1967 als College-Sprinter zu einem vorolympischen Leichtathletikkampf nach Mexiko City entsandt. Die Qualifikationsläufe und das Finale fanden in den ersten Tagen nach seiner Ankunft statt.

»Es war ein ungeheurer Streß«, erinnerte sich Richard. »Wir hatten keine Zeit, uns an die Höhe, fast 3000 Meter, zu gewöhnen. Wir waren völlig durcheinander. Wir befanden uns in einer fremden Stadt mit ungewohntem Klima und ungewohntem Essen. Am Tag des Finales bin ich *sechs* Rennen gelaufen – Viertelfinale und Halbfinale. Als ich zu den Startblöcken für die Schlußrunde im 100-Meter-Lauf ging, wurde mir bewußt, daß ich in einem Zustand totaler Erschöpfung war. Ich hatte keine Reserven mehr. Ich konnte nicht auf meine physischen Kräfte zählen und nicht auf mein vorangegangenes Training. Deshalb sagte ich mir: ›Ich kapituliere. Ich gebe auf.‹«

In diesem Augenblick verschob sich plötzlich etwas in Richards Bewußtsein. »Da war dieses merkwürdige Gefühl der *Vollendung*. Es war, als befände ich mich im genauen *Mittelpunkt* der Zeit; es lag genausoviel vor mir wie hinter mir. Das gesamte Potential vor mir war identisch mit der ganzen Zeit hinter mir, und ich balancierte in der Mitte. Da ich aufgegeben hatte, brauchte ich mich nicht auf Sieg einzustellen oder darauf, mein Land zu repräsentieren. Ich war einfach *da*.

Der Startschuß ertönte, und ich sah mich selbst das Rennen laufen, im Mittelpunkt der Zeit laufen. Alles war so kostbar – mein Atem, der Himmel, meine Beziehungen, mein Leben. An der Ziellinie wußte ich, daß ich gewonnen hatte, aber das war nicht das Wichtigste. Als die Zeitnehmer mich nach dem Lauf umringten, wollte ich ihnen von meiner Erfahrung berichten. Ich versuchte Spanisch zu sprechen. Es war nicht, daß ich *gewonnen* hatte; es war das Ganze. Das wollte ich ihnen begreiflich machen.«

Wenn wir über unsere normalen Grenzen hinausgestoßen werden, brauchen wir keine Superstars oder Weltklasseathleten zu sein, um mit dem rhythmischen Zentrum unserer Existenz in Berührung zu kommen. Ich hatte ein solches Erlebnis auf einer Bergtour an einem nebligen Wintertag. Meine älteste Tochter, die damals Anfang Zwanzig war, führte gerade unsere Gruppe an, als wir an die Stelle kamen, wo sich der Pfad steil abwärts neigt und etwa einen Kilometer weit einem Sturzbach folgt, der sich zuletzt in einen See ergießt.

Statt ihre Schritte zu verlangsamen, als der Pfad steiler wurde, begann sie zu laufen, und einige Mitglieder unserer Gruppe folgten ihr.

> Nach wenigen Schritten wurde mir klar, daß wir zu schnell liefen, um noch abbremsen zu können. Der Weg war schmal und gewunden. Er war von Wurzeln, Felsbrocken und rutschigen Stellen durchsetzt. Umgestürzte Bäume lagen quer über dem Weg. Ich war mir dieser Gefahren bewußt, aber fast gleichzeitig erkannte ich, daß ich es mir nicht leisten konnte, darüber *nachzudenken.* Um einen schweren Sturz zu vermeiden, blieb mir nichts anderes übrig, als mich der Situation total auszuliefern – der Schwerkraft, der Luft, dem Nebel, den Bäumen, den Felsbrocken und Wurzeln, der Erde, dem Geräusch des Wassers, dem Atem, der Bewegung, den vielfältigen Rhythmen, die mich mit all dem verbanden. Ohne im mindesten passiv zu werden, sondern in einem ungewohnten Zustand geschärften Bewußtseins *ließ* ich mich von meinen Beinen in gestrecktem Lauf den Pfad hinuntertragen. Ich *ließ* meine Füße die besten Stellen aussuchen. Ich *ließ* mich wie im Flug über die gestürzten Bäume hinwegtragen.
>
> Wir kamen zu einer flacheren Wegstrecke, und ich hatte die Möglichkeit, meinen Lauf abzubremsen. Aber meine Tochter flog nur noch schneller dahin, und ich folgte ihr, in vollkommenem Einklang mit diesem

Winterregenwald durch das nächste Steilstück jagend, eins mit der weißen Gischt, der feuchten Luft, den glitzernden Tauperlen auf dem Farnkraut und dem Lorbeer. Allzubald kamen wir unten an. Vor uns, auf der anderen Seite eines tiefen, runden Reichs am Fuße eines Wasserfalls, und auch in mir schimmerten Lorbeerbüsche – silbrig-grünes Blattwerk weihnachtlich leuchtend vor dem Hintergrund schwarzer Schatten.*

Ich erinnere mich noch, wie ich dastand, tief Atem holend, völlig zufrieden, dort zu sein, wo ich war, jeden Augenblick genießend, wunschlos. Wie ein Tier oder ein urzeitlicher Jäger nach einer Jagd war ich frei von Zweifeln, Vorbehalten und Urteilen. In diesen wenigen Augenblicken war mein Leben so klar und resonant wie ein Kristall.

Die Natur bietet uns allen die Chance, in diesen kristallinen Zustand zu gelangen. Oft genügt es schon, die disrhythmischen Straßen der Stadt mit einem menschenleeren Wald, einer Wiese oder einer Meeresküste zu vertauschen, um eine Periode vollkommener rhythmischer Harmonie auszulösen. Von einer Episode dieser Art berichtete mir der Brief eines jungen Mannes aus Florida. Er schilderte fünf Tage seines 17. Lebensjahres, in denen er mit einem Freund auf einer verlassenen Insel an der amerikanischen Ostküste kampiert hatte.

»Am ersten Tag«, schrieb er, »stellten wir das Zelt auf und gingen auf Erkundung. Als es dämmerte, stießen wir auf eine Austernbank und begannen zu essen. In der Nacht hatte es etwa 5 Grad minus. Am nächsten Morgen, als ich aus meinem Zelt auf die bereifte Landschaft blickte, erschien mir alles wunderschön. Ich bemerkte

* George Leonard, *The Transformation,* New York 1972, S. 65 f.

sogar, wie die einzelnen Sonnenstrahlen in der Lichtung zu pulsieren schienen. Alles war überaus klar und angenehm – sogar das Gehen und Atmen! So lebten wir die nächsten drei Tage lang; wir hatten keinen Streit, keine Klagen, sahen keinen Menschen außer einigen Booten, die auf dem Meer vorüberfuhren.

Die ganze Zeit hatte ich das Gefühl der Harmonie auf allen Ebenen. Ich spürte, daß alles aus einem Grund geschah, einem Zweck diente – daß alles so geschah, wie es sein sollte, selbst die ›schlechten‹ Dinge in der Welt. Alles ging seinen vorgesehenen Gang. Ich erlebte ein tieferes Gefühl des Friedens, als ich je gekannt hatte. Selbst körperliche Anstrengung war beruhigend, da etwas in mir, das normalerweise immer irritierend und antreibend wirkte, zur Ruhe gekommen war und nun zu einem friedlichen und harmonischen Austausch fähig war.

Wenn ich auch physisch von ihnen getrennt war, *kannte* ich doch einen Baum, Sandkörner, das Meer, fliegende Vögel. Alles war Gott, heilig; da Gott überall ist, war auch das Stück Treibholz heilig. Das muß es sein, worum es in der Religion geht. Niemals habe ich mich vorher oder nachher so lebendig gefühlt. Ich existierte *jetzt,* nicht einen Schritt zurückbleibend oder an die Zukunft denkend. Ich atmete wie das Meer. Ich hätte Ihnen ins Auge fliegen können wie Sand.

Am letzten Tag auf der Insel standen wir vor Sonnenaufgang auf und gingen zum Watt, wo gerade Ebbe war – das Watt ist dort über einen Kilometer breit mit einem gewundenen Priel in der Mitte. Als wir da standen und nach Osten aufs Meer hinausschauten, leuchtete eine große, orangerote Sonne über dem Antlitz der Erde und in unseren Herzen; wir stiegen mit ihr auf. Dies war unser zeitloser Augenblick. Hätte ich mein ganzes Leben lang in diesem Marschland verbracht, ich hätte es oder mich selbst oder diese Erde nicht so erkennen können wie bei jenem Sonnenaufgang. Dies war mein erster neuer Morgen, ein Wissen jenseits der Worte oder Gefühle des Alltags.

Auf dem Weg zurück verloren wir kein Wort; nur Licht und Leichtigkeit. Wir gingen mitten durch eine Schar von Möwen hindurch, die einige Tage zuvor bei unserem Nahen lärmend die Flucht ergriffen hätten.

Nachdem wir per Anhalter zu unserem Auto gelangt waren, hatte ich Schwierigkeiten selbst zu fahren, weil ich so ›high‹ war. Zu Hause hieß es dann, führ den Hund spazieren, bring den Müll raus. Und danach? Nichts – kein Mensch, kein Ort, keine Droge und keine Empfindung – ist je an das Erlebnis dieser Fahrt herangekommen. Ich glaube, wenn ich mich irgendwo niederlasse, könnte ich einiges zustande bringen, aber wird es mir je gelingen, diesem Leben, Gott selbst wieder beizuwohnen? Kann ich wieder aus mir selbst ausbrechen, dorthin, wo ich sein möchte?«

Das Gefühl dieses jungen Mannes von einem »Wissen jenseits von Worten« erinnert an die »noetische (geistige) Qualität«, die William James als eines der Schlüsselelemente jeder mystischen Erfahrung bezeichnete. Auch andere Ereignisse und Gefühle, von denen in diesem Kapitel die Rede war, könnte man den religiösen oder quasireligiösen Kategorien zuordnen, die William James in *Die Vielfalt religiöser Erfahrung* oder Aldous Huxley in *The Perennial Philosophy* angeführt haben. Erfahrungen des vollkommenen Rhythmus sind offenkundig »religiös« in einem weiteren Sinne. Aber ich möchte sie hier von jeder enggefaßten Definition des Wortes absetzen, damit wir solche Erfahrungen nicht bloß in Klöstern und Aschrams oder in weltentrückter Einsamkeit suchen. Wir sollten sie auch an Orten machen können, die man zunächst für höchst ungeeignet halten könnte – beispielsweise bei einer Sitzung des Aufsichtsrats eines Großunternehmens.

Hank, ein untersetzter, intellektuell wirkender Mann Ende Dreißig, hatte eine leitende Stellung in einem großen Schiffahrtsunternehmen, das sich in einer finanziellen Krise befand. Er und der Direktor des Unternehmens heckten den kühnen Plan aus, für 200 Millionen Dollar drei Schiffe zu bauen und sich damit einen maßgeblichen Anteil am Karibikgeschäft zu sichern. Der Plan mußte dem Aufsichtsrat der Mutterorganisation, einem riesigen multinationalen Konzern, zur Genehmigung vorgelegt werden. Die Aufsichtsratssitzung sollte bereits in einem Monat stattfinden, deshalb stand Hank, dem Direktor und vier anderen Spitzenleuten ein Gewaltmarsch bevor.

»Wir arbeiteten einen Monat lang 16 Stunden am Tag, sieben Tage in der Woche«, erzählte mir Hank. »Wir hatten eine Unmenge von Daten zu analysieren – eine überwältigende Flut. Anhand der Daten mußten wir eine überzeugende Präsentation für den Aufsichtsrat ausarbeiten. Wir schufteten von 8 Uhr morgens bis manchmal 2 Uhr früh. Wir ließen uns von draußen Essen holen und aßen so nebenbei an unseren Schreibtischen. Ich war schließlich zu überdreht, um richtig schlafen zu können. Wenn ich nach Hause ging und mich hinlegte, fiel ich nur in einen unruhigen Dämmerzustand. Ich konnte mich einfach nicht entspannen, bis alles vorüber war, dann brach ich eines Tages an meinem Schreibtisch zusammen. Die Mitglieder unseres Teams kamen sich in dieser Zeit sehr nahe, und wir reden noch immer über die Leistungen, die wir damals vollbrachten.«

Nach dieser Periode der »Anspannung, der furchtbaren Enttäuschungen und der Euphorie« flogen Hank und der Direktor mit dem ausgearbeiteten Projekt nach New York. Hank fiel die Aufgabe der Präsentation zu.

»Es war, als hinge mein ganzes Leben von diesem einen Augenblick ab. Als ich mich erhob, war es wie in dem Film *Patton*, als der General auf dem Schlachtfeld stand und das Gefühl hatte, sein ganzes Leben lang – und vielleicht auch schon in früheren Leben – dazu bestimmt gewesen zu sein, in diesem Augenblick an dieser Stelle zu sein. Mir ging es genauso. Ich hatte ein Gefühl der Prädestination, wie Patton.

Ich sehe den Aufsichtsrat noch vor mir – dreißig Leute, die um diesen riesigen Tisch herumsitzen. Der stellvertretende Vorsitzende hatte den Ruf eines Finanzgenies und stand in der Wall Street in hohem Ansehen. Aber ich wußte, daß ich die Sache im Griff hatte. Ich habe immer gewußt, daß ich irgendwann in meinem Leben einen unerhörten Kampf zu bestehen haben würde und daß ich als Sieger daraus hervorgehen würde, mit dem Gefühl, daß eine Niederlage ausgeschlossen war. Und jetzt war ich zur richtigen Zeit am richtigen Ort. Vorherbestimmt.

Die Präsentation dauerte eineinhalb Stunden, und alles lief wie am Schnürchen, wie A+B+C=D. Wie eine mathematische Gleichung. Manchmal hatte ich das Gefühl, vor Studenten eine Vorlesung über einen perfekten Unternehmensplan zu halten. So respektvoll hörten sie mir zu. Es regte sich kein Widerstand. Ich hatte das Gefühl, egal was sie mich fragen würden, ich wäre obenauf gewesen. Und wenn sie mir die Frage in Suaheli gestellt hätten, so hätte ich sie, glaube ich, auch beantworten können.

Im Flugzeug nach der Konferenz hatte ich das merkwürdige Gefühl, daß *alles richtig* sei, alles was gewesen war und was kommen würde.«

Für die meisten von uns haben solche Erfahrungen Seltenheitswert. Hank erlebte das nur einmal in seinem Leben. Das Projekt entwickelte sich gut; er wurde zum stellvertretenden Direktor befördert. Aber diese Resultate schienen später beinahe nebensächlich, verglichen mit der einmonatigen Tortur, dem vorherbestimmten Augenblick vor dem Aufsichtsrat. Vollkommener Rhythmus. Heute hat Hank »Erfolg«, leidet an Übergewicht und hegt eine kostbare Erinnerung.

Augenblicke wie dieser vergehen. Was uns bleibt, ist eine Ahnung von den Reichtümern, die dieses Leben zu bieten hätte, ein Gefühl des Verlustes und eine quälende Frage: Warum kann es nicht immer so sein? Thomas Traherne, der mystische Dichter des 17. Jahrhunderts, beschrieb die Reichtümer und den Verlust:

> Der Staub und die Steine der Straße waren so kostbar wie Gold. Die Tore waren anfangs das Ende der Welt. Als ich die grünen Bäume zum erstenmal durch eines der Tore erblickte, begeisterten und entzückten sie mich; ihr Reiz und ihre ungewöhnliche Schönheit ließen mein Herz höher schlagen und machten mich fast wahnsinnig vor Wonne, so seltsam und wundervoll erschienen sie mir. Die Menschen! Welch ehrenwerte und verehrungswürdige Geschöpfe mir die Alten schienen! Unsterbliche Cherubim! Und junge Männer schimmernde und strahlende Engel und Mädchen überirdische Sendboten des Lebens und der Schönheit! Jungen und Mädchen, die sich auf der Straße balgten und spielten, waren kullernde Juwelen. Ich wußte nicht, daß sie geboren waren oder sterben würden. Vielmehr verweilten alle Dinge ewig, da sie auf dem rechten Platz waren ... und so geschah es, daß ich mit großem Aufwand verdorben wurde und man mir die schmutzigen Tricks der Welt beibrachte. Die ich jetzt wieder verlerne und gleichsam wieder zum Kind werde, um in das Königreich Gottes Eingang zu finden.

In den Perioden des vollkommenen Rhythmus wird das Gewöhnlichste zum Wunderbarsten. Dazu bedarf es weder des Exotischen noch des Phantastischen. In den Worten Blakes ist »eine Welt in einem Sandkorn/und ein Himmel in einer wilden Blume«.

Vor allem ist die Erfahrung völlig jenseits aller Beurteilung. Eine beurteilende Haltung ist de facto ein Beweis, daß der vollkommene Rhythmus fehlt. Erfahrungen zu beurteilen, während man sie erlebt, führt dazu, daß man Erfahrungen beurteilt, bevor man sie erlebt – voreiliges Urteil, Vorurteil. In diesem Punkt unterscheidet sich ein Durchschnittsspießer von einem wertenden Universitätsprofessor nur hinsichtlich der Qualität seines Urteils; beide benutzen denselben Modus operandi. An Ereignisse völlig offen und urteilsfrei heranzugehen, heißt, die erste Bedingung zu erfüllen, die zu vollkommenem Rhythmus führt.

Ein Mann, den ich Ezra nennen möchte, ist Professor für vergleichende Literatur und gelegentlicher Verfasser von Artikeln für anspruchsvolle Zeitschriften. Im Auftrag einer dieser Zeitschriften unterzog er sich einer intensiven Encounter-Gruppen-Erfahrung am Esalen-Institut an der Küste von Kalifornien. Trotz seiner Versuche, eine gewisse ironische Distanz zu wahren, fand er sich durch die Macht seiner eigenen unausgesprochenen Gefühle bald in die Gruppe verstrickt.

Am dritten Tag, so erinnerte er sich, kam eine große Woge der Traurigkeit über ihn. »Es war etwas wie Kummer und Furcht vor dem Kummer. Am nächsten Nachmittag war es, als ob alles Negative und Verdrängte in meinem Leben eine kritische Masse erreichte – Kummer, Angst, Schrecken. Dann kam es zur Explosion. Als die kritische Masse barst, fühlte ich, wie Leben in mich einströmte. Meine Sicht war vollkommen verändert. Ich begann Dinge wie zum erstenmal zu sehen, wie jemand, der plötzlich das Augenlicht wiedererhält. Alle Furcht, alle Angst, alle Sorgen um die Zukunft wichen von mir. Ich hatte keine Klagen. Ich fühlte mich voller Liebe. Ich fühlte mich völlig offen. Ich hatte praktisch unmittelbaren Zugang zu meinen Gefühlen. Alles, was ich äußerte, schien absolut ehrlich und wahr. Da war niemand, vor dem ich zurückscheute, keine Erfahrung, die ich vermied.

Ich begann alles um mich herum anzuschauen – die Bäume, den Weg, die Kieselsteine auf dem Weg. Ich erkannte, was es heißt, im Hier-und-Jetzt zu sein. Mit den Menschen war es dasselbe. Niemand hätte mich langweilen können. Jede Stimme war aufregend. Jeder Augenblick des Lebendigseins war eine Freude. Es konnte einfach nichts schiefgehen.

An diesem Abend muß ich jedem, der neu hinzukam, wie ein Verrückter erschienen sein. Ich umarmte jeden – völlig beknackt. Früher hätte ich mich rückblickend selbst verabscheut. Ich hatte das Gefühl, jedem die Botschaft übermitteln zu müssen. Ich war völlig außer mir, berauscht von meiner Erfahrung, überschäumend vor Begeisterung – ein Verrückter, ein Irrsinniger. Früher wäre ich vor einem solchen Menschen davongelaufen. Aber, weiß Gott, wie wünsche ich mir, daß dieses Gefühl ewig gedauert hätte.

Noch eine Woche zuvor hatte ich alle möglichen Pläne ausgeheckt, wie ich Menschen und Situationen meiden und meine Integrität bewahren könne. Das Bild, mit dem ich die Veränderung beschreiben möchte, ist eines der ältesten: Schlafen und Wachen.« Ezra lächelte leicht ironisch. »Ja, ich wurde wiedergeboren – ein wiedergeborener Professor.«

Dieses Gefühl blieb Ezra etwa zwei Wochen und begann dann abzuklingen. »Ich erkannte, daß ich, um dieses Gefühl zu behalten, mein Leben würde ändern müssen. Wahrscheinlich hätte ich mir einen anderen Beruf suchen müssen. Ich hätte anders in meinem Haus leben müssen. Und dann begann ich auch darüber zu schreiben. Ich wußte, daß ich riskierte, es zu verlieren; Schreiben ist im Grunde keine Hier-und-Jetzt-Sache. Also gab ich das Gefühl auf. Um mich als das zu erhalten, was ich gewesen war, mußte ich das opfern, was ich hätte sein können.«

Ezra schwieg einen Augenblick und fuhr dann nachdenklich fort. »Es ist im Grunde eine Frage der Zeit, nicht wahr? Der Zeit und des Rhythmus und des Fließens der Zeit. Als ich nach Esalen kam, hatte ich eine unangenehme Begegnung mit einem großen, bedrohlich aussehenden Mann. Wir hatten Zimmer in derselben Gegend gemietet, und ich traf ihn häufig auf dem Weg. Ich sah ihn mir auf der anderen Seite der Schlucht entgegenkommen und begann Szenarien durchzuspielen und starb tausend Tode, bis wir einander passiert hatten.

Dann, nach meiner Wandlung, erblickte ich ihn in der Ferne und dachte mir, *ich bin ja noch nicht da.* Ich erkannte, daß ich vor lauter Angst vor ihm auf dem Weg zu ihm hin nichts mehr wahrgenommen hatte. Dieses Mal achtete ich also auf die Steine, die Windungen des Weges, die Stelle mit dem Geröll, die kleinen Wasserläufe, den Schmetterlingsbusch.

Als ich ihn erreichte, war es eine Überraschung. Ich sagte ›Hallo‹ und ging an ihm vorüber. Ich erkannte, daß er ein warmherziger und sympathischer Mensch war. Ich erkannte, daß ich früher bis zu dem Augenblick unseres Zusammentreffens *wie tot* gewesen war. Ich war *nicht* in meinem Körper, *nicht* auf dem Weg gewesen.

Verstehst du, es handelte sich um zwei verschiedene Arten von Zeit. Vor meinem Erlebnis betrachtete ich den

Abstand zwischen uns und rechnete mir aus, wie lange es dauern würde, bis wir zusammentrafen. Die Sache wurde linear, mechanisch. *Ich* wurde mechanisch. Nach meinem Erlebnis hatte sich die Zeit verändert. Jeder Augenblick war erfüllt, und jeder Augenblick hatte seine eigene Zeitrechnung. Wenn es beispielsweise eine Sekunde in Anspruch nahm, eine Einzelheit des Weges unter meinen Füßen wahrzunehmen, dann war das Erlebnis hinsichtlich seiner Intensität nicht in Sekunden ausdrückbar und meßbar. Die Zeit war für mich kein Längen- und Raummaß mehr. Maßstab der Zeit war jetzt die Intensität. Der Moment, in dem ich ihn ansah, war vielleicht weniger intensiv als der Moment, in dem ich den Schmetterlingsbusch ansah. Die Zeit, wie wir sie kennen, war keine primäre, sondern eine sekundäre Eigenschaft, wie Farbe oder Geräusch.«

Ezra unterbrach sich und schüttelte den Kopf. »So lebte ich zwei Wochen lang, ohne Furcht, ohne Vorwegnahme, die Augen weit offen, mit dem Strom der Zeit fließend. Aber ich konnte die Sicherheit meiner alten Fesseln nicht aufgeben, also verlor ich es.

Die profunde Weisheit, die ich gerne zur Grundlage meines Handelns machen würde, ist, einfach zu akzeptieren, was ist, und nicht urteilend an die Ereignisse heranzugehen – keine Gründe anzuführen, keine Plädoyers zu halten. Aber um das zu tun, müßte ich einen anderen Weg einschlagen, von dem ich nicht wüßte, wo er endet.

Es gibt Anzeichen dafür, daß es unmöglich ist, diesen Zustand aufrechtzuerhalten. Vielleicht müssen wir uns damit zufriedengeben, ihn gelegentlich zu erreichen.«

Für die meisten von uns ereignen sich die Episoden des vollkommenen Rhythmus selten, und noch schwieriger ist es, sie festzuhalten. Zwar gibt es Mittel, die uns helfen können, in diesen Zustand zu gelangen, aber kein Lehrer, kein Buch, keine Anweisung kann uns jene Erfahrungen garantieren, in denen jeder Augenblick selig macht und einfach nichts schiefgehen kann. Vielleicht genügt es zu wissen, daß solche Zustände existieren und daß sie sich ereignen können, wenn wir sie am wenigsten erwarten und am dringendsten benötigen.

Wir könnten es also dabei belassen. Wir könnten die Vorstellung des vollkommenen Rhythmus wie einen Leuchtturm auf einer Anhöhe stehenlassen, als ferne, schwer erreichbare Orientierungsmarke für die Anstrengungen, die wir unternehmen, um den natürlichen Pulsschlag unseres eigenen Lebens zu finden. Aber es gibt auch noch die andere Möglichkeit: Vielleicht ist der vollkommene Rhythmus doch immer in jeder unserer Handlungen und Beziehungen präsent und nur unser Bewußtsein davon ist um eine Mikrosekunde phasenverschoben? Könnte es sein, daß uns das Erlebnis entgeht, nicht weil es so fern, sondern weil es so nahe ist? Wenden wir uns jetzt unseren eigenen unerkannten Fähigkeiten zu und entdecken wir, was es mit diesem so schwer faßbaren vollkommenen Rhythmus auf sich hat.

9
Die Macht der inneren Ausrichtung

In gewissen guten Augenblicken haben die meisten von uns das Gefühl, mit allem in der Welt »synchron« zu schwingen. Die Welt und unsere Beziehung zu ihr erscheint uns dann völlig anders; unsere Verbundenheit mit allem, was wir wahrnehmen, ist lebendig und greifbar. Ich habe die Theorie vertreten, daß dieser Einklang, dieser lautlose Pulsschlag des vollkommenen Rhythmus in jedem von uns immer vorhanden ist; ja daß er de facto die wesenhafteste und nicht mehr reduzierbare Bedingung unserer Existenz ist. Dieses vollkommenen Rhythmus werden wir uns im allgemeinen dann bewußt, wenn wir aus dem einen oder anderen Grund die Schranken des Ich, der Gewohnheit, der Sprache und des Urteilens abstreifen und uns in dem dimensionslosen Punkt befinden, von dem aus sich Raum und Zeit entrollen. In diesem Punkt, den wir als den »gegenwärtigen Augenblick« bezeichnen, ist es, als ob wir, Sekunde um Sekunde, am Vorgang der Schöpfung alles Existierenden beteiligt seien.

Aber ist das Erlebnis des vollkommenen Rhythmus etwas, das einfach »passiert«, oder kann es bewußt herbeigeführt werden? Ist es rein subjektiv oder kann es objektive, meßbare Veränderungen auslösen? Und gibt es Wege, um mit dem lautlosen Pulsschlag des vollkommenen Rhythmus in Berührung zu kommen und ihn zu benutzen?

Zu allen Zeiten haben Heilige und Yogis durch mühsame Übungen den Zustand zu erreichen versucht, den ich als vollkommenen Rhythmus bezeichne, und es ist heute kaum noch möglich, Leistungen der Yogis auf den Gebieten der Selbstkontrolle, der Wunderheilung, des Feuerlaufs und ähnlichem in Frage zu stellen. Aber ich möchte mich hier ebenso wie im letzten Kapitel mit etwas viel Alltäglicherem beschäftigen: mit einer Situation, in der wir durch einen Trick dazu gebracht werden, die außerordentliche Kraft unserer Intentionalität, unserer inneren Ausrichtung, einzusetzen.

Es geht hierbei um eine wahrlich wunderwirkende Droge, welche die Pharmakologen in Verlegenheit bringt, die für die Ärzte seit Hippokrates jedoch ein Geschenk des Himmels darstellt. Der Name dieser Droge ist *Placebo,* und es ist der »Placebo-Effekt«, der in unbezweifelbarer Weise die Macht dessen, was wir leichtfertig als »Geist« bezeichnen, über die Materie beweist. Das Wort ist von einem lateinischen Verbum abgeleitet, das »erfreuen« bedeutet, und mancher mag unter einem Placebo einfach eine versüßte Pille verstehen, eine Pseudomedizin, die von einem faulen Arzt für eine eingebildete Krankheit verschrieben wird. Es stimmt, daß das Placebo gewöhnlich eine Tablette aus Milchzucker ist, die einer authentischen Pille zum Verwechseln ähnlich sieht, und manche Ärzte verschreiben es tatsächlich, weil ihnen nichts Besseres einfällt. Aber das Placebo ist eine bloße Formalität, das Zeichen für die Besiegelung eines Paktes. Die Zuckerpille könnte genausogut eine Salzinjektion, ein echtes Aspirin, ein chirurgischer Eingriff, oder, in anderen Kulturen, der Singsang eines Schamanen oder ein Gebräu aus Eidechsenblut sein. Der Placebo-Effekt entsteht nicht durch die Arznei, sondern durch den Vorgang, der ein Akt der Bevollmächtigung ist. Der Heiler bevollmächtigt lediglich den Patienten, das zu tun, wozu er bereits mühelos fähig ist: nämlich auch die verborgensten Körperfunktionen zu kontrollieren, Gewebe wachsen zu lassen oder zu vernichten und Krankheit oder Gesundheit hervorzubringen.

Jede Kultur hat ihre eigenen Erwartungen in bezug auf den Heilungsprozeß. In unserer ist ein Besuch beim Arzt, eine mitfühlende und informierte Zuhörerschaft für die Darstellung unserer Beschwerden, irgendeine Art von Untersuchung und zumindest ein schriftliches Rezept erforderlich. Die Einnahme der vorgeschriebenen Arznei kann dann den Heilungsprozeß in Gang setzen. Wenn es sich bei diesem Vorgang im Falle eines Placebos bloß um die Stärkung des Lebenswillens oder eine generalisierte »Besserung« handelte, würde er kaum unsere Aufmerksamkeit verdienen. Aber das ist bei weitem noch nicht alles. Der Placebo-Effekt verfügt, wie jüngste Experimente ganz klar zeigen, über erstaunliche Kräfte und Zielgenauigkeit.

Beispielsweise wurde bewiesen, daß Placebos zur Linderung postoperativer Schmerzen 77 % der Wirksamkeit von Morphin besitzen; je stärker der Schmerz, desto wirksamer das Placebo. Ein Test mit 88 Arthritispatienten ergab, daß ein Placebo Symptome ebenso wirksam beseitigt wie Aspirin und Cortison. Was noch schwerer wiegt, das Placebo bewirkte in diesen Fällen auch eine Verbesserung des Schlafs, des Appetits, der Ausscheidung und einen Rückgang der Schwellungen. Heroinsüchtige, die eine Salzlösung als Placebo erhielten, wiesen die gleiche Reaktion auf wie bei der echten Droge; die Entzugserscheinungen beginnen erst, wenn das Placebo abgesetzt wird. Die Zahl der Blutkörperchen, die Atmungsgeschwindigkeit, die Gefäßnervenfunktion und der Bluthochdruck zählen zu den Bereichen, die durch Verschreibung von Placebos stark beeinflußt werden können.

Der Placebo-Effekt kann zudem äußerst zielgenau sein. Der Patient, dem gesagt wird, was er von einem bestimmten Medikament zu erwarten habe, kann genau diese Wirkung hervorrufen, wenn er eine Zuckerpille erhält, bis hin zur Produktion einer spezialisierten Art weißer Blutzellen namens eosinophile Granulozyten. Ebenso wie ein Placebo heilende Bedingungen im Körper hervorrufen kann, löst es manchmal auch die Nebenwirkungen des Medikaments aus, das es ersetzt. Von einer Patientengruppe, die anstelle eines Antihistamins ein Placebo erhielt, berichteten 77,4 % über Schläfrigkeit, eine Nebenwirkung von Antihistaminen. Norman Cousins berichtete in *Saturday Review* über eine Untersuchung, wie sich das Medikament Mephenesin auf Angst auswirkt:

> Bei manchen Patienten ruft es ungünstige Reaktionen wie Übelkeit, Schwindel und Herzklopfen hervor. Wurde Mephenesin durch ein Placebo ersetzt, so löste dies bei einem identischen Prozentsatz von Gaben identische Reaktionen aus. Einer der Patienten entwickelte nach der Einnahme des Placebos einen Hautausschlag, der sofort verschwand, sobald die Placeboverabreichung beendet wurde. Eine Patientin kollabierte nach Einnahme des Placebos in einem anaphylaktischen Schock, und dasselbe passierte nach Einnahme des Medikaments. Eine dritte reagierte zehn Minuten nach Einnahme des Placebos – noch bevor sie das Medikament erhalten hatte – mit Bauchschmerzen und einer Flüssigkeitsstauung in den Lippen.

Sie werden sich vielleicht fragen, warum wir diese erstaunlichen Resultate nicht produzieren können, ohne durch Ärzte und medizinische Forscher hinters Licht geführt worden zu sein. Die Antwort ist, daß wir es tatsächlich können. Allerdings ist es so, daß das gängige medizinische Modell auf fremder Autorität statt auf individueller Eigenverantwortung beruht. Cousins berichtet über eine Studie, bei der Patienten mit blutenden Magengeschwüren in zwei Gruppen eingeteilt wurden:

> Der einen Gruppe wurde vom Arzt gesagt, daß ein neues Medikament entwickelt worden sei, das mit Sicherheit eine Besserung erwarten lasse. Die zweite Gruppe wurde von Schwestern informiert, daß ein Versuch mit einem neuen Medikament unternommen werde, über dessen Wirkungen jedoch noch sehr wenig bekannt sei. Bei 70% der Patienten in der ersten Gruppe war eine deutliche Besserung ihres Ulkus zu verzeichnen. Nur 25% der Probanden in der zweiten Gruppe wiesen ähnliche Besserungen auf. Beide Gruppen hatten dasselbe »Medikament« erhalten – ein Placebo.*

Manchmal verstärkt Hypnose den Placebo-Effekt, aber der Kernpunkt ist Konzentration und Überzeugung mit oder ohne hypnotische Induktion, wie bei einem Versuch mit dreizehn japanischen Schülern gezeigt wurde, die ge-

* Siehe Cousins' Artikel »The Mysterious Placebo: How Mind Helps Medicine Work«, *Saturday Review*, 1. Oktober 1977, dem die angeführten Beispiele entnommen sind. Cousins selbst vollzog am eigenen Leib eine erstaunliche Selbstheilung von einem seltenen, gefährlichen Leiden, der Bechterewschen Krankheit, die ihm nach Aussage eines Spezialisten eine Heilungschance von 1 : 500 ließ. Mit Unterstützung seines Hausarztes übersiedelte er aus dem Krankenhaus in ein Hotelzimmer, setzte alle Medikamente ab und verschrieb sich statt dessen selbst massive Dosen von Vitamin C und Lachen. Um sich zum Lachen zu bringen, las er humoristische Bücher und führte sich in seinem Zimmer alte Filmklamotten vor. Seine Genesung von der angeblich progressiven und unheilbaren Krankheit machte langsame, aber stetige Fortschritte. Er kann heute ein normales Leben führen.

genüber einer verbreiteten giftigen Pflanze überempfindlich waren. Fünf der dreizehn Schüler wurden durch einen Arzt hypnotisiert und dann bei geschlossenen Augen mit Blättern eines harmlosen Baumes berührt, während ihnen gleichzeitig gesagt wurde, daß es sich um giftige Blätter handle. Die anderen acht Schüler wurden nicht hypnotisiert, sondern es wurde ihnen bloß irreführenderweise gesagt, daß man sie mit giftigen Blättern berühre. Alle dreizehn entwickelten mehr oder weniger starke Entzündungen. Dieselben Schüler wurden am anderen Arm mit giftigen Blättern berührt, die man jedoch als harmlos bezeichnete. Vier der fünf hypnotisierten und sieben der acht nichthypnotisierten Schüler entwickelten keine Entzündung an diesem Arm.*

Die Implikationen solcher Experimente sind so weitreichend, daß es uns schwerfällt, den nächsten Erkenntnisschritt zu vollziehen. Dieser Schritt erfordert zumindest, daß wir die konventionelle Trennung zwischen »Leib« und »Seele« fallenlassen und statt dessen die Möglichkeit einer *Intentionalität* in Betracht ziehen, die in dem gesamten Feld wirksam ist, das wir als Körper, Geist und Seele identifizieren. Diese innere Ausrichtung kann als Aspekt der Identität betrachtet werden. Sie wirkt sich zunächst immer im Bereich der *Struktur* und nicht der speziellen Materie aus, in der sich die Struktur manifestiert. Ein Radioempfänger ist eine Struktur; dasselbe gilt für den Schaltplan dieses Geräts und für das im Gedächtnis gespeicherte Diagramm. Veränderungen dieser Struktur sind viel schneller und leichter vorzunehmen, indem man umdenkt oder auf einem Stück Papier etwas korrigiert als durch Manipulation des Geräts als sol-

* Y. Ikemi und S. Nakagawa, »A Psychosomatic Study of Contagious Dermatitis«, *Kyushy Journal of Medical Science*, 13, 1962, S. 350 ff.

chem. In allen drei Fällen ist jedoch die Intentionalität primär und irreduzibel. Der Körper ist ebenfalls eine Struktur, wenn auch von weitaus größerer Komplexität als jedes Radio, und den erstaunlichen Veränderungen, von denen oben die Rede war, muß die *Intention, die Absicht zur Veränderung* vorausgegangen sein. Wie der Placebo-Effekt zeigt, hat diese Absicht ihren Sitz nicht notwendigerweise im bewußten Denken oder Wollen.

Der bewußte Wille ist de facto nur eines von mehreren Instrumenten der Intentionalität. In dem Maße, in dem es abwägt und urteilt, ist das Bewußtsein in der Tat für diese Zwecke eher ungeeignet. Wirksame Intentionalität entspringt nicht dem Ich, sondern der Identität, die Kategorien wie »Leib« und/oder »Seele« transzendiert. Sie existiert im Hier-und-Jetzt, in dem, was Alfred North Whitehead als »die individuelle Unmittelbarkeit einer Situation« bezeichnet. Intentionalität kann im Bewußtsein, im Gedächtnis und im Willen angesiedelt sein, aber Veränderung bewirkt sie nur im Augenblick, in der Domäne des lautlosen Pulsschlags, der normalerweise unserer Aufmerksamkeit entgeht. Wenn wir unsere Wahrnehmung auf diesen Bereich ausweiten können, auf das Zusammenspiel zwischen Identität und Holonomie, dann eröffnet sich uns eine neue Erfahrungswelt. Dies ist auch der Bereich, in dem sich unsere innere Ausrichtung in erstaunlicher und manchmal geheimnisvoller Weise auswirkt.

Am 5. März 1962, 21 Tage vor Ostern, begann ein zehnjähriges farbiges Mädchen in ihrem Klassenzimmer in Oakland, Kalifornien, aus ihrer linken Handfläche zu bluten. Im Laufe der folgenden 19 Tage blutete sie bis zu fünfmal täglich aus Wunden an beiden Füßen, beiden Händen, dem Brustkorb und der Stirnmitte. Zeugen dieser Blutungen waren ihre Eltern, ihre Klassenkameraden und Lehrer, die Schulschwester sowie der Arzt, der über das Phänomen berichtete, und anderes Krankenhauspersonal.*

Am Karfreitag (dem 19. Tag der Blutungen) blutete das Mädchen gleichzeitig aus allen sechs Wunden. Als das Blut an diesem Tag zu fließen aufhörte, hatte sie das Gefühl, daß »alles vorüber« sei, und tatsächlich traten keine weiteren Blutungen auf.

Das Mädchen stammte aus einer sehr religiösen Baptistenfamilie, aber sie hatte vorher keine Kenntnis des christlichen Stigmenphänomens. Etwa eine Woche vor den Blutungen hatte sie *Crossroads* von John Webster, ein Buch über die Kreuzigung, gelesen. Vier Tage vor Beginn der Blutungen hatte sie eine Fernsehsendung über die Kreuzigung gesehen, die sie gefühlsmäßig stark berührte und in der folgenden Nacht einen lebhaften Traum auslöste. Akustische Halluzinationen, die einige Tage vor Beginn der Blutungen begonnen hatten, dauerten bis Ostersonntag an und bestanden im allgemeinen aus einfachen, positiven Aussagen, wie »Deine Gebete werden erhört werden«.

Damit gesellte sich diese zehnjährige Stigmatisierte aus Oakland zu den Tausenden anderen innerhalb und außerhalb der religiösen Institutionen, die das Leiden Christi geteilt haben. Das Phänomen tritt wie in ihrem Fall im allgemeinen nach intensiver Beschäftigung mit diesem Leiden auf und manifestiert sich in auffallend »originalgetreuen« Nachahmungen nicht nur der Wunden, die Nägel und Lanze schlugen, sondern schließt in manchen Fällen auch die Quetschwunde auf der Schulter ein, die durch das Tragen des Kreuzes entstand, die

* Loretta Early und Joseph Lifschutz, »A Case of Stigmata«, *Archives of General Psychiatry*, 3. Februar 1974, S. 197 ff.

Schürfwunden der gefesselten Arm- und Fußgelenke sowie die Kopfwunden, die durch die Dornenkrone entstanden. Nonnen und andere tiefreligiöse Frauen haben auch das »Vermählungszeichen« produziert, eine spontane Veränderung der Haut, die einem Fingerring gleicht und bei Frauen auftritt, die ein ekstatisches Verlöbnis mit Christus erlebt haben.

An der Macht und Spezifität dieser Phänomene ist nicht zu zweifeln, fraglich ist nur ihr Ursprung. Ein religiöser Fundamentalist könnte argumentieren, daß die Wunden buchstäblich von Gott kommen und sein Geschenk an die Auserwählten darstellen. Menschen auf der anderen Seite der Glaubenskluft könnten quasi-wissenschaftliche Begriffe zur Erklärung heranziehen: »Suggestion; Konversionshysterie«. Diese Extreme werden durch die Holonomie-Identität-Auffassung miteinander versöhnt.

Betrachten wir das Mädchen aus Oakland als einen Holoid des Universums in einer singulären Identität bzw. einem unverwechselbaren Standpunkt, und sehen wir es als einen Zusammenhang, als Kontext statt als einen Inhalt an. Ein Kontext ist kein *Container* (Behälter). Das Wort kommt von den lateinischen Begriffen *con* und *texere,* was soviel wie »zusammenweben« bedeutet. Kontext ist somit ein Prozeß des Beziehung-Aufnehmens, des Miteinanderverbindens. Dieser Kontext, den ein Individuum darstellt, manifestiert sich als Körper, Geist, Seele, Geschichte, Werke und so weiter. (Jede dieser Manifestationen kann letzten Endes als Wellenphänomen behandelt werden.) Das Bewußtsein, das an Sprache, Konvention und Ich gebunden ist, hat nur zu einem winzigen Bruchteil des gesamten, im Holoid verfügbaren Materials Zugang.

Die Geschichte der Kreuzigung existiert im Universum; deshalb existiert sie auch holonomisch in dem Mädchen, ob diese sie nun bewußt kennt oder nicht. In diesem Fall löste die Kenntnis der Kreuzigungsgeschichte (aber nicht des stigmatischen Phänomens!) den Prozeß der gerichteten Konzentration aus. Um die hier beschriebenen Resultate zu erzielen, muß der Vorgang, der bewußt begann, jedoch tiefer als Sprache, Konvention und Ich reichen, bis hin zu dem wortlosen Wechselspiel zwischen Holonomie und Identität, wo die Realität sich ständig selbst erschafft und in Form von Objekten und Ereignissen existent wird, die ins Bewußtsein treten können oder nicht. Dies ist der Schnittpunkt der Beziehungen, an dem die Intentionalität ansetzt, sei es bewußt oder unbewußt, der Punkt, an dem innerhalb der inhärenten Grenzen des Universums »alle Dinge möglich sind«.

Wir sollten uns daran erinnern, daß die Intentionalität nicht primär im Bereich der Objekte und Ereignisse wirksam wird, sondern im Augenblick. Objekte und Ereignisse werden dann bis zu einem gewissen Grad als verändert wahrgenommen. Die *Resultate* der inneren Ausrichtung sind somit immer Geschichte, wenn vielleicht auch nur für die Dauer einer Millionstelsekunde. Die Kreuzigung – um einen entscheidenden Punkt dieser Ansicht zu wiederholen – existiert in ihrer ganzen Fülle in dem Kontext, den das Mädchen aus Oakland darstellt (wie auch in dem Kontext, der jeder von uns ist). Durch einen Vorgang der konzentriertesten Kontemplation erlebt das Mädchen die Kreuzigung im lautlos pulsierenden gegenwärtigen Augenblick. Die Geschichte dieses Erlebnisses zeichnet sich im Körper-als-Objekt ab. Fragen erheben sich: Hat Gott die Wunden verursacht? Wenn man so will, ja; Gott, Christus, die Kreuzigung – das alles war in dem Erlebnis vollständig anwesend. Hat das Mädchen die Wunden verursacht? Ja, auch das ist wahr; die daran beteiligte Intentionalität scheint am engsten mit dem Mädchen verbunden zu sein.

Das Theoretisieren über »Ursachen« führt jedoch nur ins Dickicht. Seit Aristoteles haben die Philosophen über die Frage der Verursachung gestritten, ohne zu befriedigenden Lösungen zu kommen. Die meisten Leute sind sich inzwischen einig, daß der Begriff der »Ursache«, so wie er im Gesundheitswesen (»die mangelhafte hygienische Vorsorge *verursachte* die Choleraepidemie«), in der Medizin, im Rechtswesen, in der militärischen Planung und ähnlichem verwendet wird, nützlich sein kann, um in diesen Bereichen Verantwortung zuzuweisen und Maßnahmen zu ergreifen, daß derselbe Begriff in fundamentaleren Dingen hingegen unscharf und irreführend wird. In diesem Fall möchte ich die Frage der Verursachung beiseiteschieben und einfach sagen, daß die Intentionalität, aus welcher Quelle auch immer sie gekommen sein mag, eng mit dem Anlaß zusammenhing, aus dem die Wunden entstanden, und daß sie dafür notwendig war.

Um noch einen Schritt weiter zu gehen: Der spezielle Mechanismus, welcher das Auftreten der Wunden auslöste, ist aus dieser Sicht von sekundärer Bedeutung. Wissenschaftler mögen ein berechtigtes Interesse daran haben, festzustellen, wie der Körper eine stigmatische Wunde hervorruft – ob beispielsweise durch eine Veränderung der örtlichen Blutzirkulation oder durch irgendeinen Zusammenbruch im subkutanen Gewebe. Dies zu entdecken wäre interessant und bedeutsam. Aber welcher Art auch immer die Mechanismen, selbst wenn sich das Mädchen die Wunden mit einem scharfen Instrument selbst zugefügt hätte, wir können dennoch die Intentionalität als primär für die Veränderung der körperlichen Strukturen ansehen.

Ob bewußt oder nicht, die Intentionalität ist ständig dabei, das Universum zu beeinflussen, welches jeder von uns darstellt. Ein ernüchternder Gedanke! Denn wenn die Intentionalität blutende Wunden hervorzurufen vermag, kann sie dann nicht auch einen ernsteren, ja sogar einen tödlichen Zusammenbruch unserer Körpersysteme auslösen? Zweifellos geschieht dies sehr häufig. Nur wenige Mediziner würden heute den gewaltigen, wenn nicht entscheidenden Einfluß der »Einstellung zum Leben«, der »psychischen Verfassung« oder des »Lebensstils« auf das Entstehen von Krankheiten leugnen. Fast jede Krankheit – von Hämorrhoiden bis zu Herzleiden, von der gewöhnlichen Erkältung bis zum Krebs – wird heute von verschiedenen Ärzten auf psychosomatische Faktoren zurückgeführt.

Und wie sieht die andere Seite der Medaille aus? Es liegt auf der Hand, daß die Intentionalität dem Körper schaden kann. Kann sie auch Schäden beheben? Kann sie positive körperliche Veränderungen, außergewöhnliches Wohlbefinden hervorrufen? Wenn die positiven Möglichkeiten weiter entfernt scheinen als die negativen, so vielleicht deshalb, weil die medizinische Wissenschaft ihre Aufmerksamkeit und Energie – ihre Intentionalität – bisher üblicherweise auf die Pathologie konzentriert hat. Blühende Gesundheit, ganz zu schweigen von positiven körperlichen Veränderungen, stellen noch weitgehend eine *terra incognita* dar. Man hat sich über diesen Bereich, der irgendwie suspekt geworden ist, wenig Gedanken gemacht und ihm kaum Experimente gewidmet. Es ist, als ob die »seelischen Kräfte«, welche krank machen und zerstören, eine respektable Vorstellung seien, mit der man leicht umgehen kann, während dieselben Kräfte, zur

Heilung und Verwandlung herangezogen, nach Scharlatanerie und dem Okkulten schmecken.

Für den nüchternen medizinischen Forscher stellt der Placebo-Effekt in seinem positiven Sinn also einen Störeffekt dar, der vermieden oder minimiert werden muß. Dies wird durch die »Doppel-Blind«-Methode bei der Erprobung eines neuen Medikaments erreicht: Weder der Experimentator noch der Patient weiß, ob eine bestimmte Gabe die Medizin oder statt dessen ein Placebo enthält. Die Reaktionen des Patienten auf den Verlauf der Behandlung werden sorgfältig notiert, und erst nach Abschluß des Versuchs werden die Reaktionen auf Medikament und Placebo verglichen. Jeder konsistente Unterschied wird dann auf die pharmakologische Wirkung der Arznei zurückgeführt. Diese Wirkung mit oder ohne Placebo-Effekt kann in der Tat bestimmte körperliche Veränderungen hervorrufen, und es ist daher nützlich, sie zu isolieren. Aber »Doppel-Blind« ist ein derart magisches Wort geworden, daß dadurch bei vielen medizinischen Forschern geradezu ein Tabu entstanden ist, mit den Kräften der Intentionalität zu experimentieren. Aussagekräftige Versuche über Wege zur Verstärkung der Intentionalität, nicht nur unter Ausschluß aktiver Drogen, sondern auch in Verbindung mit ihnen, stehen noch aus.

Die Wahrheit ist, daß der Placebo-Effekt niemals vollständig ausgeschlossen werden kann. Er trägt zur Effektivität jedes Medikaments, jedes ärztlichen Verfahrens bei. Das Hauptproblem mit dem Placebo als solchem, ob dies nun in einem Doppel-Blind-Versuch verwendet oder von einem Arzt als Therapeutikum verschrieben wird, ist, daß hierbei eine Täuschung im Spiel ist. Der Arzt schreibt ein Rezept für eine Zuckerpille und autorisiert damit den Patienten, seine transformierenden Kräfte zu mobilisieren. Gleichzeitig schadet der Arzt auf diese

Weise dem Beziehungsgeflecht zwischen ihm und dem Patienten und reduziert dadurch die mögliche Wirksamkeit des Vorgangs. Diese Beeinträchtigung wirkt sich auf die nächste und übernächste Interaktion aus und trägt zur Entstehung einer Dominanz-Unterwerfung- bzw. einer Eltern-Kind-Beziehung bei, die ihre eigenen offenkundigen Begrenzungen hat.

Der Placebo-Effekt funktioniert am besten, wenn sowohl der Patient als auch der Heilende von der Wirksamkeit der Behandlung überzeugt sind. Dies trifft für den Fall eines Medizinmannes zu, der ein Gebräu aus Eidechsenblut verabreicht. Es gilt auch für einen Arzt, der eine Mandeloperation empfiehlt. Die Wissenschaft kann nachweisen, daß Eidechsenblut medizinisch unwirksam und vielleicht sogar schädlich ist. Dasselbe wird heute in bezug auf die meisten Mandeloperationen bewiesen. Auch therapeutische Methoden sind Moden unterworfen. Angesehene Ärzte waren einst vom Wert des Schröpfens überzeugt; allein im Jahr 1827 importierte Frankreich 33 Millionen Blutegel, nachdem die eigenen Bestände erschöpft waren. Unser modernes Krankenhaus mit seiner einseitigen Fixierung auf Chirurgie, Technologie und starre Tageseinteilung mag künftigen Generationen ebenso irrational erscheinen wie der unseren Blutegel. Beide sind Glaubenssache.

Der nächste Schritt zur Wiedergewinnung unserer Kräfte könnte im Verzicht auf Tabletten oder andere physische Mittel bestehen oder diese einfach als Ritual behandeln (das soll nicht heißen, daß sie keine Wirksamkeit hätten; ganz im Gegenteil). Danach kommen wir vielleicht zu der Erkenntnis, daß die Anwesenheit einer zweiten Person, eines Arztes oder Heilkundigen, zwar hilfreich zur Gestaltung des Vorgangs, aber nicht absolut notwendig ist. Jeder von uns übt durch seine eigene Intentionalität ständig Einfluß auf sein Universum aus. Wir haben uns an den Gedanken gewöhnt, daß wir zu einem Arzt gehen und ein Rezept erhalten müssen, bevor wir unsere transformierenden Kräfte in jenem Aspekt der Realität, den wir unseren eigenen Körper nennen, ans Werk gehen lassen. Wir sind auch an einer unausgesprochenen gesellschaftlichen Übereinkunft beteiligt, diese Kräfte, sobald sie freigesetzt sind, nur zur Abwendung von Krankheiten und nicht zur Entwicklung außerordentlicher Fähigkeiten oder eines besonders guten Gesundheitszustandes einzusetzen. Der Körper steht hier als Metapher für den Rest unseres Universums. Sobald wir bereit sind, persönliche Verantwortung für positive Veränderungen in diesem Aspekt unseres Daseins zu übernehmen, wachsen uns auch in anderen Bereichen Kräfte zu.

Das soll nicht heißen, daß wir keinen Arzt aufsuchen sollen, wenn wir krank sind; unsere Schulmedizin ist im Falle einer Verletzung oder akuten Krankheit durchaus wirksam. Dies ist vielmehr ein Appell, sich seiner transformierenden Kräfte bewußt zu werden und sie ins Positive zu wenden. Wir können einfach nicht wissen, wie weit wir in dieser Richtung gehen könnten, weil wir es nicht wirklich versucht haben.

Als Beispiel dafür, was man als positive physische Veränderung bezeichnen könnte, verweise ich auf eine Reihe von Experimenten, in deren Verlauf Frauen ihren Busen durch Suggestion signifikant vergrößerten. Bei einem sorgfältig kontrollierten Versuch nahmen dreizehn Frauen an zwölf wöchentlichen Sitzungen teil, in denen sie in hypnotische Trance versetzt wurden, wobei man ihnen suggerierte, in ihren Brüsten die gleichen Empfindungen zu verspüren wie in ihrer Pubertät. Im Laufe des Experiments erhöhte sich der durchschnittliche Brustumfang um 5,33 cm von 85,34 cm (nach dem Ausatmen) auf 90,67 cm (ebenfalls nach dem Ausatmen). Der Brustumfang unterhalb der Büste wies im Verlauf des zwölfwöchigen Experiments keine erhebliche Veränderung auf.*

Weitere Beispiele positiver, wenn auch scheinbar sonderbarer physischer Veränderungen stellen die Wundertaten indischer Yogis dar – genau die Phänomene, die wir »aufgeklärten« westlichen Menschen gewöhnlich bezweifeln oder einfach ignorieren. Aber es gibt einen weiteren Bereich positiver körperlicher Veränderungen so offensichtlicher Art, daß wir ihn nicht als solchen anerkennen, welcher die Kraft der Intentionalität in unbezweifelbarer Form beweist. Ich meine den Sport, und der Beweis ist in den Rekordverzeichnissen der letzten hundert Jahre enthalten. Heute, wo die Meile in weniger als 3 Minuten 50 Sekunden gelaufen wird und Gewichtheber mehr als 250 Kilo stemmen und reißen können, werden diese Leistungen nicht als übernatürlich bezeichnet. Aber wenn man einem Sportexperten des Jahres 1878 gesagt hätte, daß solche Erfolge menschenmöglich seien, hätte er einen für ziemlich verrückt gehalten. In den letzten Jahren ist ein 50jähriger Mann den Marathonlauf schneller gelaufen als der Gewinner der olympischen Goldmedaille von 1948 in dieser Disziplin, und ein 65jähriger Sportler hat den Rekord des olympischen Marathonsiegers von 1908 eingestellt.

Ein Teil dieser wirklich phantastischen Fortschritte ist auf »Technologie« zurückzuführen – verbesserte Auswahl und Trainingsmethoden, Ernährung und Vitamine. Aber dieselbe Art von Technologie plus Zuchtpraktiken, die für Menschen nicht in Frage kommen, wurden bei

* J. E. Williams, »Stimulation of Breast Growth by Hypnosis«, *Journal of Sex Research*, 10, 1974, S. 316 ff.

Rennpferden angewandt, ohne derartige Leistungssteigerungen zu erzielen. Heute sind sich Sportler aller Disziplinen vom Golf bis zum Gewichtheben darin einig, daß »geistige« bzw. »psychologische« Faktoren zur Erreichung von Höchstleistungen entscheidend sind. Zur Erreichung des Basislagers sind technische Maßnahmen nötig. Aber den Aufstieg von dort zum Gipfel schafft man nur durch Intentionalität.

»Der Geist ist die Grenze«, sagt der Gewichtheber Arnold Schwarzenegger, der fünfmal zum Mister Universum gewählt wurde und vielleicht heute der führende Bodybuilder ist. »Solange der Geist die Möglichkeit ins Auge fassen kann, daß man etwas fertigbringt, wird es einem gelingen – wenn man wirklich hundert Prozent daran glaubt. Der Geist triumphiert über die Materie.«

Schwarzenegger spricht davon, daß er sich in einen bestimmten Muskel *hineindenkt* und ihn sich größer vorstellt und daß er Gewichte zuerst im Geist hebt, bevor er es körperlich tut. »Wenn Gewichtheber vor der Stange stehen«, sagt er, »dann müssen sie das Gewicht zuerst in ihrer Vorstellung heben und dann körperlich. Wenn sie ein Prozent Zweifel haben, schaffen sie es nicht.«

Diese Art der visuellen Vorstellung *(Visualisierung)* wird jetzt in vielen Sportarten praktiziert, insbesondere in der DDR und der Sowjetunion. Es geht nicht bloß darum, »es einfach mal zu versuchen«. Ein »Versuch« im gewöhnlichen Sinne kann sogar abträglich sein. Die Übung besteht vielmehr darin, sich den Ablauf des Ereignisses lebhaft und detailliert vorzustellen, als an sich wichtiges Ereignis. Es ist nicht einmal notwendig, das Gelingen als *Bild* vor dem geistigen Auge zu haben; von visueller Vorstellung spricht man einfach deshalb, weil das visuelle System beim Menschen eine prominente Rolle spielt und es daher leichtfällt, darüber zu reden.

(Der Golfchampion Jack Nicklaus schlägt nie einen Ball, ohne ihn »schön weiß auf dem grünen Rasen liegend« genau dort vor sich zu »sehen«, wo er ihn hin haben will.)

Welche visuellen oder gefühlsbezogenen Ausdrücke wir auch benutzen, das Entscheidende ist, die Sache im Bereich der Intentionalität und Struktur so wirklich und gegenwärtig zu machen wie im Bereich von Energie, Materie, Raum und Zeit. »Ich weiß nur soviel«, erklärt Schwarzenegger, »daß der erste Schritt darin besteht, sich die Sache plastisch vorzustellen, denn sobald man das Bild vor sich sieht – ein schönes Bild –, weckt dies die ›Wunschkraft‹. Mein Wunsch, Mister Universum zu werden, entstand beispielsweise, weil ich mich so deutlich als Sieger da oben auf der Bühne sah.«*

Ich lernte Aikido von einem Lehrer, der von der Prämisse ausgeht, daß die vollkommene Bewegung, der vollkommene Wurf, *bereits existieren.* Unsere Aufgabe bestehe bloß darin, damit zu verschmelzen. Um dazu fähig zu sein, mußten wir lange und hart trainieren, die Grundbegriffe lernen, unseren Teil an blauen Flecken abbekommen. Aber während wir all dies durchmachten, war der vollkommene Wurf ständig da – im Prozeß, in der ewigen Gegenwart – und wartete darauf, daß wir uns mit ihm vereinigten. Manchmal weise ich meine eigenen Schüler an, das Bild oder das Gefühl eines bestimmten Wurfes in ihrer Vorstellung festzuhalten und ihn dann eine Stunde lang immer und immer wieder zu üben, bis sie schweißdurchnäßt sind und sich kaum mehr rühren können. Zu erschöpft, um es nochmals zu *versuchen,* machen einige von ihnen eine Art Verwandlung durch. Fast kann man sehen, wie ihr Zögern und ihre Befangenheit von ihnen

* Schwarzenegger zitiert aus einem Interview, »The Powers of Mind«, von Ken Dychtwald in *New Age,* Januar 1978

abfällt wie eine alte, tote Haut und etwas Strahlendes und mit neuen Energien Geladenes zutage tritt. Für eine Weile wird das Außergewöhnliche alltäglich. Relativ unerfahrene Schüler werden der Anmut, des vollkommenen Rhythmus inne, der ihnen seit aller Ewigkeit unbeansprucht zur Verfügung steht, und vollbringen Meisterleistungen.

Konzentrierte Hingabe

Immer wieder begegnen wir diesem Paradox: intensive Bemühung, die nur durch vollständige Hingabe wirksam wird; die unwahrscheinliche Kombination von Versuchen und Nichtversuchen, die es der Intentionalität ermöglicht, Strukturen zu verändern. Von 1973 bis 1975 führte beispielsweise ein Forscher namens Duane Elgin am Stanford Research Institute eine bemerkenswerte Reihe von Versuchen durch, die darin bestanden, einen empfindlichen, stark abgeschirmten Magnetometer allein durch Intentionalität zu beeinflussen. Dieses Gerät mißt Veränderungen des magnetischen Feldes und zeichnet sie auf einem durchlaufenden Papierstreifen auf. Die ersten Übungen nahmen im allgemeinen jedesmal den gleichen Verlauf. Elgin saß oder stand etwa einen Meter von dem Gerät entfernt, so daß er die Schreibnadel sehen konnte, und versuchte unter Aufbietung seiner gesamten Willenskraft, das Gerät zu beeinflussen. Diese konzentrierte Anstrengung setzte er etwa 20 bis 30 Minuten fort, seinen Blick auf die Nadel geheftet, die eine fast schnurgerade Linie verzeichnete: Kein Resultat. Erschöpft und frustriert sagte er sich schließlich: »Ich gebe auf.« Im Augenblick seiner Kapitulation zeigte die Nadel eine Veränderung des magnetischen Feldes an. Diese Veränderungen waren durchaus signifikant. Bei einigen Versuchen schlug die Nadel über den Rand des Papierstreifens hinweg aus; um ein solches Resultat durch normale Mittel zu erzielen, bedürfte es einer Kraft, die schätzungsweise tausendmal stärker ist als die des Magnetfeldes der Erde. Auch eine Vergrößerung des Abstands beeinträchtigte Elgins Einflußkraft nicht. Einmal gelang es ihm, den Magnetometer von seiner mehrere Kilometer entfernten Wohnung aus zu beeinflussen.

Im Laufe der Zeit verfeinerte Elgin seine Technik. »Ich konzentriere mich etwa 20 bis 30 Minuten lang darauf, ein Gefühl des Rapports und der Verbundenheit mit dem Instrument herzustellen, und verwandle dieses Gefühl der Verbundenheit durch eine starke Willensanstrengung in ein fast greifbares Energiefeld. Ich spüre, wie ich mich in das magnetische Feld einschalte und es zu einer Reaktion zu veranlassen suche. Aber erst in einem Augenblick der totalen Hingabe tritt die Reaktion ein.«

Wir sehen nunmehr, daß sich ein Muster herauszukristallisieren beginnt. Elgins Zustand während seiner erfolgreichen Operationen mit dem Magnetometer – wir können es *konzentrierte Hingabe* nennen (der englische Terminus *surrender* bedeutet sowohl Kapitulation, Aufgeben, Preisgabe als auch Hingabe) – hat große Ähnlichkeit mit Zuständen, denen wir bereits an anderer Stelle begegnet sind. Richards Augenblicke der Gnade auf der Aikido-Matte und auf der Aschenbahn in Mexiko City waren ebenso durch konzentrierte Hingabe gekennzeichnet wie die Erfahrungen von Julia und Ezra, von Mary und Bill wie auch des Topmanagers Hank bei seinem Triumph in der Aufsichtsratssitzung. Mir fällt kein besserer Ausdruck zur Beschreibung meines Zustands ein, als ich den steilen Bergpfad hinunterlief, und diese paradoxe Verbindung zwischen Zielgerichtetheit und Loslassen spielt zweifellos auch bei den Fernwahrnehmungsversuchen eine Rolle.

Bei all diesen Erfahrungen hatten die Beteiligten ein starkes Gefühl der Verbundenheit mit Objekten und Ereignissen, die ihnen sonst ganz abgetrennt erschienen wären. Dies leuchtet im Hinblick auf das Holonomie-Identität-Modell ein, demzufolge jeder Mensch der Kosmos von einem bestimmten Standpunkt aus gesehen *ist*. Sowohl gesammelte Intentionalität als auch Preisgabe des Ich sind notwendig, um die Existenz auf dieser fundamentalen Ebene zu erleben. In einigen der geschilderten Episoden scheint der Zustand der Beteiligten merkliche Auswirkungen auf ihre Umwelt gehabt zu haben, in einer Weise, die dem, was wir als normale Kausalität betrachten, widerspricht. Wir wissen nicht, wie weit sich diese Wirkungen, die von der modernen physikalischen Theorie nicht ausgeschlossen werden, ausbreiten können. Konzentrierte Hingabe spielt auch beim Placebo-Effekt eine Rolle, bei dem die Intentionalität einen mächtigen Einfluß auf die Welt der Materie ausübt. Da sich der Prozeß hier auf einer unbewußten Ebene abspielt, enthält diese konzentrierte Hingabe im allgemeinen jedoch kein bewußtes Gefühl der Verbundenheit mit dem Kosmos.

Diese Augenblicke, diese Episoden sehen wir im allgemeinen nicht als Bestandteil unserer normalen Existenz an. Damit wir uns der gewaltigen Macht unserer Intentionalität bewußt werden, müssen die meisten von uns durch ein Placebo hinters Licht geführt werden oder sich auf irgendeine Weise selbst hinters Licht führen oder ihres Ich entkleidet werden oder dieses in Augenblicken der Erschöpfung oder Isolierung, der Leidenschaft oder der Todesangst fahrenlassen. Warum muß das so sein? Warum können wir uns nicht immer unserer Macht bewußt sein? Ein Grund liegt auf der Hand. Eine stabile Gesellschaft erfordert die Unterdrückung oder den freiwilligen Verzicht auf unbegrenzte individuelle Macht oder zumindest einen impliziten Konsens darüber, welche Kräfte benutzt werden dürfen. In fast jedem von uns ist zweifellos eine starke Intentionalität am Werk, die darauf abzielt, eine lebensfähige, einigermaßen stabile Gesellschaft mit individueller Freiheit und privatem Lebensraum zu erhalten, nicht nur als Substrat für unser eigenes, individuelles Leben auf der Erde, sondern auch als Grundlage weiterer Evolution.

Wir haben bereits auf das militärische und geheimdienstliche Interesse am Hellsehen hingewiesen. Inzwischen gibt es hartnäckige Gerüchte, daß sowohl die Vereinigten Staaten als auch die Sowjetunion mit psychotronischen Geräten experimentieren, die »geistige Kräfte« mit Elektronik kombinieren. In einem Beispiel von Fernhexerei werden Radiowellen von medial begabten Personen in Rußland dazu benutzt, die Staatsmänner des Westens zu verwirren und irrezuführen. Ich stehe solchen paranoiden Gerüchten zwar skeptisch gegenüber, muß aber dennoch zur Vorsicht warnen. Die Tatsache ist schwer zu ignorieren, daß sich die wildesten paranoiden Phantasien der sechziger Jahre in bezug auf unwahrscheinliche und wahrhaft teuflische Geheimaktionen unserer eigenen Regierung als nachgerade konservativ erwiesen haben.

Wie wäre es um unsere Welt bestellt, wenn zahlreiche Menschen die Kraft erlangten, Instrumente oder den menschlichen Geist aus der Ferne zu beeinflussen oder Metall ohne physische Kraftanwendung zu verbiegen? Diese Gefahren wurden mir während einer kürzlichen Flugreise bewußt. Kurz nach dem Start in San Diego begann die dreistrahlige Düsenmaschine angsterregend zu schlingern. Wenige Augenblicke später war die Stimme des Piloten über die Lautsprecher zu vernehmen: »Ich fürchte, ich habe schlechte Nachrichten für Sie, meine Damen und Herren«, sagte der Kapitän mit nüchterner Stimme, was wie eine Parodie der langbärtigen Pilotenwitze klang. Er erklärte, daß sich die linke Landeklappe in ausgefahrener Stellung verklemmt habe und wir deshalb umkehren und landen müßten. Da ich hinter der Tragfläche saß, konnte ich das Schneckengetriebe sehen, das die Klappe bewegt. Es war lang und relativ dünn; wenn sich die Spindel nur um einen Grad verbog, konnte dies leicht den Mechanismus blockieren.

Dabei fielen mir sofort die Vorführungen des metallverbiegenden Mediums Uri Geller und anderer ein. Viele dieser Kunststücke wurden als bloße Zaubertricks entlarvt. Es ist jedoch überaus schwierig, das Phänomen völlig in Abrede zu stellen. Streng kontrollierte Versuche mit Dehnungsmessern haben gezeigt, daß bestimmte Menschen Verformungen in Metall hervorrufen können, die nicht auf bekannte physikalische Kräfte zurückzuführen sind.*

Berichte über Metallbiegen heben die Unzuverlässigkeit, ja Willkür dieser Versuche hervor; Bemühungen, einen Löffel zu verbiegen, führten angeblich dazu, daß sich anderswo Löffel verbogen. Während wir zur Landung kurvten, überlegte ich mir, was geschehen würde, wenn man die Fähigkeit, Metall allein durch Intentionalität zu deformieren, bei bösartigen, verantwortungslosen oder bloß exzentrischen Menschen entwickelte. Solange

* Die Versuche, die von Scott Hill und anderen an der Universität von Kopenhagen mit dem französischen Medium Jean-Pierre Girard durchgeführt wurden, sind besonders eindrucksvoll. Sie deuten darauf hin, daß bei dieser Art der Verformung das Metallstück sowohl gestreckt als auch gebogen wird.

wir im Flugwesen und in so vielen anderen Bereichen unserer komplexen und ziemlich anfälligen Technologie auf Metall angewiesen sind, dachte ich, tun wir gut daran, auf diese Kräfte zu verzichten.

Das gleiche kann man über jede Manipulation des »Normalen« und jegliche neue Technologie, ob außersinnlich oder nicht, sagen. Man kann die Luftverschmutzung, das Absterben der Stadtkerne, den Zusammenbruch der Familie und die Zunahme der Jugendkriminalität weitgehend auf die Einführung des Personenkraftwagens in der westlichen Kultur zurückführen. Wie verheerend würde sich dagegen erst die Aufhebung der Schwerkraft durch Psychokinese mit ihrer Aussicht auf unbegrenzte, hitzefreie Energie auf das Gefüge aller menschlichen Gesellschaften auswirken? Die Legenden von Prometheus, Faust und Frankenstein enthalten dieselbe schaurige Warnung. In ihrem 1818 veröffentlichten Roman über den allzu ehrgeizigen Dr. Frankenstein ließ Mary Shelley keinen Zweifel an der Moral der Geschichte: »Lernt von mir ... wie gefährlich der Erwerb von Wissen ist und um wieviel glücklicher ein Mensch ist, der seinen Heimatort als die Welt ansieht, als derjenige, welcher größer werden will, als seine Natur gestattet.«

Es könnte sich allerdings herausstellen, daß der Versuch eines Menschen, eine Kraft wie das Metallbiegen zu eigennützigen Zwecken zu benutzen, seine Fähigkeit, diese Kraft zu erlangen, beeinträchtigt. Um Intentionalität in tiefgehender und neuer Weise ins Spiel zu bringen, muß das Ich aufgegeben werden. Das Ich aufzugeben heißt, jeden Wunsch nach Macht über andere aufzugeben. Am Ich und seinen egoistischen Wünschen festzuhalten, könnte somit bedeuten, die außerordentliche Kraft der Intentionalität einzubüßen oder sie zumindest langfristig zu verlieren. Was ich als vollkommenen Rhythmus bezeichnet habe, gedeiht in einer taoistischen Welt, nicht in einer des ungezügelten Strebens nach Macht und der Befriedigung egoistischer Wünsche. Es gibt freilich noch eine andere Art von Macht im Sinne von »Fähigkeit«. Diese Macht, diese *Fähigkeit*, die dem Individuum aufgetragene Mission im Leben zu erfüllen, sein eigenes Potential zu verwirklichen, dürfte sich auf die Entwicklung außerordentlicher Kräfte fördernd auswirken. Zumindest ist zu hoffen, daß dies der Fall ist.

Man kann sich immer noch auf den Standpunkt stellen, daß »geistige Kräfte« nie imstande sein werden, Metall zu bewegen oder zu verbiegen. Aber es ist unmöglich, die außerordentliche Fähigkeit der Intentionalität zu leugnen, Fleisch und Knochen, Sehnen und Flüssigkeiten des menschlichen Körpers zu beeinflussen, die ebenfalls zur Materie zählen (ein Faktum, das wir zu ignorieren geneigt sind). Wir haben in diesem Kapitel auf den merkwürdigen Widerstand, ja die Aversion gegen jede positive Transformation des Körpers, jede Veränderung über das »Normale« hinaus, hingewiesen. Der Grund für diesen Widerstand liegt zum Teil in der ausschließlichen Konzentration der konventionellen Medizin auf die Krankheit auf Kosten des Wohlbefindens. Aber es gibt natürlich noch andere Gründe. Könnte eine positive Transformation des Körpers nicht vielleicht Monstren hervorbringen? Es gibt Menschen, die die außernatürlichen Leistungen indischer Swamis oder die geschwollenen Muskeln Arnold Schwarzeneggers als monströs empfinden; dasselbe gilt für die ungeheure Herz- und Lungenkapazität des Marathonläufers Frank Shorter, der die 42 Kilometer in der unglaublichen Durchschnittsgeschwindigkeit von drei Minuten pro Kilometer laufen kann. Und diese Entwicklungen sind zweifellos erst der

Anfang. Welche Wunder, welche glorreichen Widernatürlichkeiten erwarten uns in der Zukunft, wenn mehr und mehr Menschen sich der Macht der Intentionalität bewußt werden? Der konservative Impuls in jedem von uns warnt uns vor Experimenten und rät uns, beim Normalen zu bleiben.

Das einzige Problem ist, was ist »normal«? Wenn wir uns die ewig sitzenden, verkrampften, fettbepackten, nikotinsüchtigen, unausgeglichenen, gefühllosen, unerfüllten Leiber ansehen, die von der heutigen Medizin das Prädikat »gesund« und »normal« erhalten, wird uns vielleicht klar, daß wir unsere Ansprüche in erschreckendem Maß reduziert haben und daß de facto jeder von uns jeden Tag, jede Stunde und jede Minute seines Lebens um seine wahren Möglichkeiten betrogen wird. Ich habe den menschlichen Körper in den Mittelpunkt dieser Erörterung der Intentionalität gestellt. Was jedoch für den Körper zutrifft, gilt ebenso für die Gesellschaft. Auch in gesellschaftlicher Hinsicht akzeptieren wir Bedingungen, die der Menschenwürde und dem menschlichen Potential hohnsprechen; wir dulden massives Unrecht, Hunger und Brutalität als »natürlich« oder »unvermeidlich«. Und auch in unseren persönlichen Beziehungen geben wir uns allzu oft mit Klischees, Vermeidungsverhalten und den schalen Überresten unserer anfänglich glühenden Hoffnungen zufrieden. Eigennütziger und leichtfertiger Einsatz der Macht der Intentionalität ist unverantwortlich. Aber zweifellos ist es ebenso unverantwortlich, die Welt in ihrem gegenwärtigen Zustand verharren zu lassen. Betrachten wir nun einen der fundamentalsten, wenn auch erst in jüngerer Zeit begriffenen Wesenszüge des Universums. Dieser Zug könnte, wenn wir ihn verstanden haben, unsere Vorstellungen von den Möglichkeiten persönlichen und sozialen Wandels verändern.

10
Die Intention des Universums

Die Glorie wie auch die Monstrosität des Westens liegen in seinem starken Geschichtsbewußtsein, seinem Gefühl, daß die Zeit lebendig und voll prickelnder Spannungen und Möglichkeiten ist. Für den Hindu ist die Zeit eine Macht des Verfalls in einer Welt der Illusion. Erlösung bedeutet für ihn Erlösung von Geschichte und Zeit, vom Kreislauf von Geburt und Tod. Die Propheten des Alten Testaments hatten eine radikal andere Vorstellung von Gott: daß dieser sich *in* der Geschichte – mehr als das, *durch* die Geschichte – offenbare. Dies führte zu der Idee, eine Art von Himmel auf Erden zu schaffen. Diese Idee hat die Kreuzzüge und die Kathedrale von Chartres hervorgebracht, die kommunistische Revolution und die menschlichen Fußspuren auf dem Mond – und sie inspiriert auch weiterhin unsere Anstrengungen, die Gesellschaft umzugestalten, und erklärt die Faszination, welche »die Zukunft« für uns hat.

Die jüngste Beschäftigung mit östlichem Gedankengut im progressivsten Bereich des westlichen Denkens stellt eine Reaktion auf Extreme, aber keinen langfristigen Rückzug aus der Aktion in dieser Welt dar. Das moderne Abenteuer ist bestenfalls dialektisch. Es beinhaltet ein Balancieren auf dem Grat zwischen Tun und Nichttun, zwischen Streben und Hingabe, zwischen eigennütziger Aktion und eigennützigem Stillhalten.

Jedes große Abenteuer braucht einen Mythos, eine »Legende«. Bis vor nicht allzu langer Zeit hat der Wilde Westen das Bedürfnis nach einem großen amerikanischen Mythos ebenso befriedigt wie die Vom-Bettler-zum-Millionär-Geschichten. Aber diese Mythen haben nunmehr ausgedient, und es hat manchmal den Anschein, daß wir ein mythenloses Volk geworden sind. Allmählich tritt jedoch ein neuer Mythos zutage, nicht bloß für die Amerikaner, sondern vielleicht für alle Völker unseres Planeten. Charles Darwin verfaßte die erste zusammenhängende Version dieser unerhörten Legende, von der Bruchstücke auch schon früher, in den Werken Fichtes, Schellings, Hegels und Diderots, aufgetaucht waren.

Der Name dieser Legende ist Evolution, die Entwicklung zu immer größerer Komplexität, Ordnung und Schönheit, ausgehend von einem Zustand der Unordnung; Evolution nicht nur biologischer Formen, sondern auch der Kultur, der Gesellschaft und des Bewußtseins. Und diese evolutionäre Tendenz beschränkt sich auch nicht auf das Leben auf diesem Planeten; sie scheint die grundlegende Intention des gesamten Universums zu sein. Der Harvard-Astronom David Layzer weist darauf hin, daß sich »das Universum in der Zeit entfaltet, aber nicht entwirrt; im Gegenteil, es wird ständig komplexer und reicher an Informationen«.

Dieses Konzept, das in Einklang mit der menschlichen Erfahrung und Intuition steht, ist für die Wissenschaft relativ neu. Unter dem Einfluß der überschaubaren, systematischen Formulierungen Sir Isaac Newtons neigten viele Wissenschaftler der vergangenen drei Jahrhunderte zu einer Art von kosmischem Determinismus, der wenig Raum für Überraschungen und Abenteuer ließ. Würde man nur zu einem gegebenen Zeitpunkt alle Fakten kennen, argumentierten Wissenschaftler wie Pierre Simon de Laplace, dann wäre auch die ganze Zukunft bekannt. Layzer widerspricht dem. Da das Bild ständig durch neue Informationen ergänzt wird, *könnte nicht einmal ein Computer von der Komplexität des Universums jemals genügend Informationen speichern, um seine eigenen künftigen Zustände vollständig voraussagen zu können.*

»Der gegenwärtige Augenblick enthält immer ein Element echter Neuheit«, schreibt Layzer, »und die Zukunft ist niemals ganz vorhersagbar. Weil biologische Prozesse auch Informationen hervorbringen, und weil uns das Bewußtsein befähigt, diese Prozesse unmittelbar zu erleben, erfaßt die intuitive Wahrnehmung der Welt als Evolutionsprozeß in der Zeit eine der fundamentalsten Eigenschaften des Universums.«*

Um sich den Unterschied zwischen einem statischen und einem expandierenden, sich entwickelnden Universum zu verdeutlichen, stelle man sich Billardkugeln vor, die über einen Billardtisch rollen. Fertigte man eine Videoaufzeichnung eines kurzen Ausschnittes dieser Bewegung an und speiste diese dann mit anderen relevanten Informationen über Gewicht, Reibung und Elastizität in einen entsprechend programmierten Computer ein, dann könnte man die Position und das Bewegungsmoment der Bälle in jedem künftigen Augenblick voraussagen. Jetzt stelle man sich aber eine Situation vor, in der neue Bälle auf den Tisch geworfen werden, die ersten Bälle neuen Kräften ausgesetzt sind und die Form und die Oberflächenbeschaffenheit des Tisches komplexer wird. In diesem Fall wäre die Computerprojektion so gut wie unbrauchbar, und dies wäre die einzige Voraussage, die man mit Sicherheit machen könnte.

Damit wird auch deutlich, warum sich die angesehen-

* Zitate aus David Layzer, »The Arrow of Time«, *Scientific American*, Dezember 1975, S. 56 ff.

sten Ökonomen nicht über die künftigen Trends einigen können, warum Veränderungen in der Wachstumsrate der Bevölkerung für Demographen unerwartet kommen, warum neue gesellschaftliche Tendenzen oft einem Dreizehnjährigen einsichtiger sind als dem bestinformierten Gesellschaftsanalytiker, ganz allgemein, warum die ausgeklügeltsten Computerprojektionen der Zukunft manchmal zwei oder drei Jahre lang zutreffen und dann im Müll landen. In dem Buch *Profiles of the Future* führt Arthur C. Clarke eine imposante Liste falscher Voraussagen auf dem Gebiet der Naturwissenschaft und Technologie an: daß Luftfahrt mit Körpern, die schwerer als Luft sind, wissenschaftlich unmöglich sei, daß Raumfahrt »ein Hirngespinst« sei, daß die Energie des Atoms niemals nutzbar gemacht werden könne und so weiter. Solche Voraussetzungen, meist wenige Jahre vor ihrer Widerlegung publik gemacht, stammen nicht von den schlechtinformierten und verantwortungslosen, sondern von den angesehensten und namhaftesten Experten des jeweiligen Gebiets. In jedem einzelnen Fall haben sich neue und unerwartete Entwicklungen ereignet, die das Unmögliche zum Selbstverständlichen wandelten.

Die sicherste Voraussage, die wir über die Zukunft machen können, ist, daß sie uns überraschen wird. Wie Layzer ausführt, enthält der gegenwärtige Augenblick immer ein Element echter Neuheit. Das Universum ist ständig an seinem Werk, sich selbst auf einer höheren, komplexeren, formvollendeteren Ebene umzustrukturieren. Die neue, komplexere Ordnung tritt nicht in einem stetigen Strom aus der Gegenwart hervor und sie entwikkelt sich auch nicht an allen Orten mit derselben Geschwindigkeit. Sie kommt wie alle Dinge in rhythmischen Wellen; es wird immer Zeiten und Orte des Mangels, der Stagnation und des Rückschritts geben. An der langfristigen Richtung besteht dennoch kein Zweifel. Die Intention des Universums ist die Evolution.

Da dem so ist, sind Abenteuer letztlich nicht bloß möglich, sondern unvermeidlich. Ob er sich dessen bewußt ist oder nicht, jeder von uns ist an dem grandiosen Unternehmen der Evolution beteiligt. Die neuen Informationen, die jedes Menschenleben hervorbringt, tragen zwangsläufig zu der immer größeren Komplexität und Mannigfaltigkeit des Universums bei. Die entscheidende Wahl, die wir haben, ist, ob wir uns der Macht unserer Intentionalität bewußt werden und dafür die Verantwortung übernehmen wollen.

Ich habe bereits darauf hingewiesen, daß ein wahrhaft »zentrierter« Mensch, der sich als Mittelpunkt eines expandierenden Universums fühlt, keine Notwendigkeit verspüren wird, andere zur Seite zu drängen. Ebensowenig wird ein wahrhaft zentrierter Mensch, der sich bewußt ist, daß er in einem Universum ständig zunehmender Möglichkeiten *Absichten hat und handelt,* keine Notwendigkeit verspüren, andere zu eigennützigen Zwecken zu mißbrauchen oder auszubeuten, da ihm eine praktisch unbegrenzte Zahl nichtausbeutender Optionen zur Verfügung steht, unter denen er wählen kann.

Mit anderen Worten, wir leben im Grunde in einer Situation des Überflusses, nicht des Mangels – und die Bewußtheit dieser Tatsache kann unser gesamtes Erleben und unsere Handlungen radikal verändern. Obwohl es im materiellen Bereich Mangel geben mag, ist auch dies nur vorübergehend oder scheinbar so. Das gesamte Universum einschließlich dessen, was wir als materiell bezeichnen, läßt sich als eine Form von Information ansehen, und es liegt auf der Hand, daß die Informationen ständig anwachsen. Der Vorrat ist prinzipiell unbegrenzt, denn wir können im Universum unseres Selbst immer neue Informationen hervorbringen – neue Entdekkungen machen, neue Alternativen entwickeln, Altbekanntes auf neue Weise zusammensetzen – und dies kann nicht ohne Auswirkung auf die Zukunft bleiben. Die Zukunft bewußt zu beeinflussen, die Verantwortung für das Ergebnis dieser Beeinflussung zu übernehmen, heißt voll an diesem unerhörtesten aller Abenteuer teilzunehmen.

Die menschliche Intentionalität in Form von Wissenschaft und Technologie hat der Bevölkerung der entwikkelten Nationen noch nie dagewesenen materiellen Wohlstand beschert. Heute sehen viele dieser Menschen die Grenzen und Gefahren einer weiteren Entwicklung in den bisherigen Bahnen. Wissenschaft und Technologie werden auch weiterhin eine wichtige Rolle im Abenteuer der Evolution spielen, aber vielleicht auf eine andere, weniger dominierende Weise als zuvor. Mehr und mehr Menschen beginnen sich weniger für Roboter oder bionische Organismen als für die erstaunlichen evolutionären Möglichkeiten ihres eigenen Körpers zu interessieren – was das explosive Wachstum der gegenwärtigen Fitneßbewegung und das lebhafte Interesse an ganzheitlicher Gesundheit erklärt. Der Körper ist in der Tat ein Universum für sich, und die Wirkungen der Intentionalität auf dieses Universum stellen sich rasch und in unleugbarer Weise ein. Dies erkennend, gewinnen immer mehr Menschen die Verantwortung für ihren eigenen Körper von den Fachleuten zurück. Das bedeutet, daß Sechzigjährige im Kurzstrecken- und Hürdenlauf und im Stabhochsprung ein Leistungsniveau erzielen, das den medizinischen Normen zu widersprechen scheint. Es bedeutet, daß sich Durchschnittsbürger die Macht des Placebo-Effekts – ohne Placebo oder ärztliche Verschreibung – zunutze machen, um Wunder der Selbstheilung und der positiven Körperverwandlung zu vollbringen.

Die Sorge um das persönliche Wohl kann unmittelbar zur Sorge um das Gemeinwohl führen. Sobald Verantwortlichkeit und Intentionalität erfolgreich auf den eigenen Körper angewandt wurden, ist sogar zu erwarten, daß sie auch auf das Gemeinwesen angewandt werden – und zwar in einer Weise, welche die Experten wiederum überraschen dürfte.

Ein Fall, in dem dies in großem Umfang geschieht, ist das »Hungerprojekt«, das von EST-Begründer Werner Erhard im Februar 1977 ins Leben gerufen wurde. Wie in anderen Fällen werden auch die Teilnehmer an diesem Projekt – inzwischen über 150 000 – aufgefordert, sparsam zu leben, Zeit und Geld zu opfern, politischen Einfluß auszuüben, einschlägige Organisationen zu unterstützen und unmittelbare Feldarbeit auf dem Gebiet der Hungerbekämpfung zu leisten. Aber der entscheidende, diesem Projekt zugrundeliegende Gedanke – und das ist das wirklich Neue daran – besteht darin, einen neuen Kontext für das Problem zu schaffen, der es der menschlichen Intentionalität gestattet, an seiner Lösung zu arbeiten. Ebenso wie Arnold Schwarzenegger sich Jahre bevor er den Titel gewann, in lebhafter und durchaus wirklicher Weise als Mr. Universum »sehen« konnte, wird auch an die Teilnehmer am Hungerprojekt appelliert, vor ihrem geistigen Auge einen Planeten entstehen zu lassen, der im Jahr 1997 völlig frei von Hunger und Unterernährung ist, diese Vision in ihrem tiefsten Inneren lebendig und absolut wirklich werden zu lassen und dann im Sinne des Kontexts zu handeln, der sich in dieser Vision ausdrückt. Jeder Teilnehmer wird, so merkwürdig dies zunächst erscheinen mag, aufgefordert, persönliche Verantwortung für die Beseitigung des Hungers auf der Welt zu übernehmen.

Auf den ersten Blick mag dies an *Voodoo*-Zauberei

erinnern oder einfach eine Art von Bewußtseinsbildung repräsentieren. In Wirklichkeit braucht es nicht mit irgend etwas Außersinnlichem einherzugehen, und auch mit »Bewußtseinsbildung« hat es nur teilweise etwas zu tun. Wenn man sich das Ende des Hungers und der Unternährung im Jahr 1997 *wirklich denkt,* dann wird man alles, was mit diesem Problem zu tun hat, aus einer neuen Perspektive sehen. Leichtfertige Annahmen – der Knappheit, der Unvermeidbarkeit, des Fehlens brauchbarer Lösungen – fallen dann weg. Unerwartete, neuartige Handlungsstrategien bieten sich an. Auch besteht dann nicht mehr die Notwendigkeit, wie das heute so oft der Fall ist, Zeit und Energie auf den Kampf um einen bestimmten Standpunkt gegenüber diesem Problem zu verschwenden. Jeder Standpunkt, sogar der Standpunkt, daß es für das Problem keine Lösung gebe, kann dann in dem neuen Kontext eine bestimmte Rolle spielen.

Obwohl Tausende von Menschen daran beteiligt sind, ist das Hungerprojekt keinesfalls eine Massenbewegung, vielmehr ein Zusammenschluß von Einzelpersonen. Jede Person wird als ein Ganzes angesehen, als ein Kontext, in dem »die Beseitigung von Hunger und Unterernährung bis zum Jahre 1997« ein integraler Bestandteil ist. Das Projekt funktioniert zwar auf einer persönlichen Ebene, aber nicht im Sinne privater Innerlichkeit. Innerhalb weniger Monate wurden in elf amerikanischen Städten große Konferenzen sowie zahlreiche kleinere Treffen abgehalten, es gab Aussprachen mit anderen in der Hungerbekämpfung tätigen Organisationen, mit Wissenschaftlern, mit gesetzgebenden Gremien, mit hohen Regierungsbeamten im White House, mit dem indischen Premierminister Desai und mit Politikern anderer Entwicklungsländer. Roy Prosterman, ein weithin geachteter Fachmann für Welternährungsprobleme, erklärte dazu: »Ich habe in Washington in den fünf Monaten seit Beginn des Hungerprojekts mehr Interesse für diese Problematik und Reaktionen darauf festgestellt als in den vorangegangenen zehn Jahren.«

Es wird aufschlußreich sein, das Projekt in den nächsten Jahren zu verfolgen. Die Intentionalität spielt bei allen großen und kleinen menschlichen Unternehmungen eine Rolle, aber sie wurde selten so ausdrücklich angesprochen oder so direkt und eindeutig auf ein spezifisches Problem angewandt wie in diesem Fall. Da die Intentionalität nicht auf der Ebene des Ich, sondern auf der der Identität funktioniert und sich die Identität nicht mit der Zuschreibung von Schuld oder Anerkennung befaßt, besteht eine Hauptprämisse des Projekts darin, daß es sich die Beseitigung des Hungers bzw. alle positiven Schritte auf dem Wege dazu nicht als eigenes Verdienst anrechnen kann oder darf. Doch haben wir ja bereits an früheren Beispielen gesehen, daß eine starke Intentionalität einen wechselseitigen Einfluß auf ihre Umgebung auszuüben scheint, und es hat auch tatsächlich seit Beginn des Projekts mehrere »Zufälle« dieser Art gegeben.

In den letzten Jahrzehnten hat sich beispielsweise die Meinung der Fachleute über das Welthungerproblem in der Regel in einem pessimistischen Tonfall artikuliert; eine Lösung des Problems wurde im allgemeinen als »unmöglich« hingestellt. Fünf Monate nach Beginn des Hungerprojekts veröffentlichte ein Gremium von Fachleuten, das vom Forschungsrat der Nationalen Akademie der Wissenschaften einberufen worden war, einen 192 Seiten starken Bericht über dieses Thema, der sich durch seinen Optimismus auszeichnete. »Wenn der politische Wille hier und im Ausland vorhanden ist«, heißt es in dem Bericht, »müßte es möglich sein, innerhalb einer Generation die schlimmsten Aspekte des Hungers und der Unterernährung zu überwinden ... Wir empfinden diese Aussicht als ermutigend und einer konzentrierten nationalen Anstrengung wert und wir glauben, daß ein latenter politischer Wille jetzt in zahlreichen Ländern vorhanden ist, der in wechselseitig unterstützender Weise mobilisiert werden könnte, um eine solche Anstrengung in Gang zu setzen und zu stärken.«*

Es sind auch noch andere interessante Entwicklungen eingetreten. Am 3. Februar 1978 kündigte Präsident Carter die Einsetzung einer Kommission für das Welthungerproblem an – die erste derartige Kommission in der amerikanischen Geschichte. Diese Ankündigung erfolgte nach intensiver Lobbytätigkeit von Teilnehmern des Hungerprojekts im White House. Und am 14. Februar – ein dramatisches Zusammentreffen – berichteten Fachleute der Vereinten Nationen, daß sich das Wachstum der Erdbevölkerung zum ersten Mal in 3 Millionen Jahren menschlicher Existenz abgeflacht habe.

Eine weitere gleichzeitig erfolgende Entwicklung, die mehrere Monate nach Beginn des Projekts publik wurde, grenzt geradezu an Wunder. Auf der Suche nach einer Alternative für chemische Düngemittel, die Erdöl oder Erdgas erfordern, stellte ein Forschungsteam der Michigan State University unter Leitung von Stanley K. Ries eine einfache Alkoholverbindung aus Luzernen her. Die Verbindung namens Triacontanol enthält dieselben Elemente, nur in größerer Zahl, wie der gewöhnliche Alkohol in geistigen Getränken. Die Forscher begannen dann das Mischungsverhältnis von Triacontanol und Wasser zu variieren, um herauszufinden, welche Konzentration sich am günstigsten auf das Pflanzenwachstum aus-

* *World Food and Nutrition Study*, 1977, beziehbar von: National Academy of Sciences, Printing and Publishing Office, 2101 Constitution Ave., N. W. Washington, D. C. 20418.

wirkt. Zu ihrem Erstaunen stellten sie fest, daß *ein* Teil Triacontanol auf *hundert Millionen* Teile Wasser weitaus am günstigsten ist.

Was ging da eigentlich vor sich? Hatte die Forschungsgruppe ein Pflanzen-Placebo entdeckt? Oder hatte man es mit homöopathischer Wirkung auf Gemüse zu tun? Was auch immer die Erklärung sei, die extrem verdünnte Lösung, zuerst in streng kontrollierten Treibhausversuchen und dann in Feldtests auf zehn verschiedene Gemüsearten versprüht, erhöhte die Ernteerträge in erstaunlicher Weise. Karotten, die mit der neuen Substanz behandelt worden waren, nahmen an Länge und Umfang zu und produzierten bis zu 21 Prozent mehr Nahrung als unbehandelte Karotten im gleichen Anbaugebiet. Spargelpflanzen gaben 35 bis 60 Prozent höhere Erträge. Die Maisernte erhöhte sich um fast 25 Prozent, während die Tomatenernte bis zu 30 Prozent höher ausfiel als bei normal gedüngten Pflanzen.*

Auf schädliche Nebenwirkungen angesprochen, weist Ries darauf hin, daß Triacontanol ein natürlicher Bestandteil zahlreicher Blattgemüse wie auch der Kartoffeln sei. »Wer eine normale Mahlzeit zu sich nimmt«, sagte er, »ißt genügend Triacontanol, um einen Hektar Anbaufläche zu besprühen.«

Es klingt fast zu gut, um wahr zu sein, und vielleicht wird sich auch noch herausstellen, daß die Sache einen Haken hat. Aber die *American Cyanamid Company* hat sich bereits bei der Regierung von Michigan um eine exklusive Lizenz für die Herstellung und den Vertrieb des wunderwirkenden Stoffes beworben. Wenn dieser flüchtige Alkoholspray die abschließenden, umfassenden

* Stanley K. Ries, Terry L. Rickman und Violet F. Wert, »Growth and Yield of Crops Treated with Triacontanol«, *Michigan Agricultural Experiment Station Journal*, 3. Jan. 1978.

Tests auf vielen Kontinenten besteht, könnte dies eine Revolution in der Nahrungsmittelproduktion bedeuten und uns im Kampf gegen den Welthunger weit voranbringen. Diese Entdeckung veranschaulicht auch, daß in diesem Universum von ständig wachsender Komplexität und Informationsvielfalt wirklich neue und unerwartete Entwicklungen möglich sind, und daß diese zwangsläufig jede noch so fachmännische Extrapolation der Zukunft über den Haufen werfen müssen.

Auch andere überraschende Ereignisse sind seit dem Start des Hungerprojekts eingetreten. Bedeutet dies, daß das Projekt diese Wunder *verursacht hat?* Keineswegs. Oder hat vielleicht die Kommission der Nationalen Akademie der Wissenschaften das Hungerprojekt bewirkt? Auch das ist nicht der Punkt. Wie wir bereits gesehen haben, ist die Vorstellung einer »Verursachung« in diesen Fällen kaum brauchbar. Was man sagen kann, ist, daß die Intentionalität wie eine wundervolle Art von psychischer Schwerkraft einen Einfluß ausübt, daß sie den Stoff der Existenz anzieht und in neuer Form und Sequenz miteinander verwebt und dadurch das Abenteuer der Evolution vorantreibt.

Auch nachdem uns bewußt geworden ist, daß wir in einem Universum ständig expandierender Möglichkeiten leben, ist es manchmal schwer zu verstehen, wie sich die »bloße« Intentionalität auf das gewichtige Reich der Materie auswirken und die Ketten der Geschichte sprengen kann. Um wieviel leichter ist es, bei einer letztlichen Hilflosigkeit Zuflucht zu suchen, statt für unsere göttlichen Kräfte die Verantwortung zu übernehmen! Auch hier prägt unser Bild von der Realität unsere Einstellung und unsere Handlungen. Wenn wir unseren Körper als eine Struktur aus massivem, unbeeinflußbarem Fleisch und Knochen ansehen, können wir ihn höchstens zerschneiden oder unter Drogen setzen oder ihn sonstwie von außen her manipulieren. Entwerfen wir lieber ein anderes Bild – betrachten wir den Körper als Rhythmen und Leere, als graziöse, ätherische Felder von Wellen, die in unzähligen Rückkoppelungsschleifen miteinander verbunden sind, um eine relativ stabile Struktur aufrechtzuerhalten. Gedanken und Gefühle können in dieser Struktur eine spezielle Resonanz auslösen; die tiefere Resonanz, die ich als Intentionalität bezeichnet habe, kann innerhalb von Tagen, Stunden, ja manchmal Minuten Veränderungen hervorrufen. Wir haben es nun nicht mehr mit Fragen des »Innen« oder »Außen« zu tun, denn diese einschränkenden Kategorien existieren in der Sphäre der pulsierenden Wellen nicht. Jeder Körper vervollständigt das Universum und nimmt an der universellen Evolution teil.

Ebenso können wir uns die Geschichte nicht in der Form einer Kette, sondern in Form dahinstürmender Wellen vorstellen, die sich in der Zeit entfalten und neue Informationen hervorbringen, neue Optionen – »Wunder«, wenn man so will. Dieser Informationszuwachs, ob es sich nun um eine neue Anordnung innerhalb des DNS-Moleküls zur Schaffung einer neuen Spezies oder um eine neue Anordnung von Sprache zur Artikulation einer neuen Idee handelt, beherrscht letzten Endes die Szene. Fleisch und Knochen, Kathedralen, Spezies, der Gleichschritt mächtiger Armeen, alle sind letztlich nichts als ein Rhythmus, und eine neue Kombination von Stimmgeräuschen oder Federstriche auf einem Papier können ein Weltreich fällen.

Wie können wir uns in einem solchen Universum für hilflos halten?

11

»Das Leben läßt sich nicht betrügen«

Es gibt Augenblicke, in denen mir die Gedanken, die sich in diesem Buch herauskristallisiert haben, seltsam erscheinen, paradox, als Affront gegen den »gesunden Menschenverstand«, der in dieser Gesellschaft von einer Generation zur anderen weitervererbt wird. Versuchen wir nun etwas Ordnung in diese Gedanken zu bringen und sie als neun Thesen zu formulieren:

1. Wir bestehen ebenso aus Wellen wie aus jenem Stoff, den wir als »fest« bezeichnen.
2. Was wir Objekte und Ereignisse nennen, sind primär die Ergebnisse der Beziehungen zwischen diesen Wellen.
3. Jeder von uns besitzt eine *Identität,* die im ganzen Universum einmalig ist, und diese Identität äußert sich als ganz bestimmte Wellenfunktion.
4. Paradoxerweise ist jeder Mensch auch ein *Holoid* des Universums, welches universelle Informationen – über die Vergangenheit, die Gegenwart und zum Teil auch über die Zukunft – enthält.
5. Die Zukunft ist für uns deshalb so schwer zu erkennen, weil das Universum seiner Natur nach ständig unvorhersehbare neue Informationen hervorbringt, echte Novitäten, und die Bestimmung der neuen Informationen ist die Evolution höherer Formen.
6. Jeder Mensch stellt im Grunde einen *Kontext* dar, eine Verflechtung universeller Informationen, von einem bestimmten Standpunkt aus betrachtet.

7. Das, was man als »vollkommenen Rhythmus« bezeichnen kann, existiert jederzeit im Wechselspiel, dem lautlosen Pulsschlag, zwischen Identität und Holonomie im Kontext von jedem von uns, und jenseits von Konvention, Sprache und Ich können wir diesen vollkommenen Rhythmus unmittelbar erleben.
8. Die *Intentionalität,* der Vektor der Identität, ist ein grundlegendes Element des Universums, das jeder Mensch darstellt. Durch Intentionalität ist es möglich, dieses Universum in außergewöhnlicher Weise zu beeinflussen.
9. Potentiell wissen wir alles.

Daß wir alles wissen können, ist uns wahrscheinlich am wenigsten glaubhaft. Wie sollte das möglich sein, da wir doch so in Unfähigkeit befangen und von Unwissenheit gelähmt sind? Hier ist es nötig, darauf hinzuweisen, daß das, was uns *bewußt* ist, nur ein kleiner Tropfen im Ozean des Selbst ist. Was wir in Worte, Bilder und Vorstellungen fassen können, ist in der Tat nur ein winziger Bruchteil der Wirklichkeit. Wie Michael Polanyi hervorgehoben hat, wir wissen mehr, als wir sagen können. Man sieht dies ganz deutlich in unseren menschlichen Beziehungen, wo es keine Geheimnisse gibt, nur die Verschwörungen des Nicht-wissen-Wollens. Kein Mann hat je seine Frau wirklich betrogen. Das, was am tiefsten vergraben wird, hallt am schmerzhaftesten in jeder Zelle seines und ihres Körpers wider und kompromittiert jedes Wort, jeden Blick und jede Liebkosung zwischen ihnen. Trotz der geschicktesten Täuschung weiß sie, und er weiß, daß sie weiß. Der sterbende Patient läßt sich durch die aufmunternden Worte seines Arztes und seiner Familie nicht täuschen. Der geleugnete Tod beherrscht dennoch jedes sich harmlos gebende Gespräch.

Mit welch verheerender Kraft wird doch jede Verheimlichung spürbar! In *The Devil's Share* erzählt Denis de Rougemont die Geschichte eines korrekten Ehepaares, das sich alle Mühe gibt, den Anschein häuslichen Friedens zu wahren und weder ihr Hausmädchen noch ihre Kinder Zeuge ihres Streits werden läßt. Als ihre Tochter Mary ein Nervenleiden entwickelt, deutet die Ehefrau dem Psychiater gegenüber an, daß die Erbmasse ihres Mannes wahrscheinlich schuld daran sei.

»Unter uns gesagt, eine seiner Tanten starb in einem Irrenhaus. Manchmal kommt es auch bei ihm heraus. Gestern, um Ihnen ein Beispiel zu nennen, hatten wir uns eben erst in unser Zimmer zurückgezogen, als er einen Wutanfall bekam, weil ich ihn bat, eine Lampe auszumachen, die meinen Augen wehtat. Er warf sie zu Boden und machte mir eine dieser Szenen! Ich weinte die ganze Nacht auf einer Couch im Wohnzimmer . . .«

»Madame«, antwortete der Arzt, »Ihre Kinder wissen das alles.«

»Unmöglich, Herr Doktor. Da ich meinen Mann kenne, habe ich sie am anderen Ende der Wohnung einquartiert.«

»Ich versichere Ihnen, daß sie alles wissen, ohne etwas zu hören. Und am deutlichsten hören sie alles, was Sie nicht sagen, wenn Sie mit ihnen bei Tisch sind, voller Höflichkeit. Die kleine Mary ist nicht verrückt, aber wie können die Nerven eines Kindes das Zeter und Mordio aushalten, das aus Ihrem ehelichen Schweigen dröhnt?«

Ein Mensch kann die Welt kennen, sagt der chinesische Weise Laotse, ohne jemals sein Zimmer verlassen zu haben. Kant entfernte sich nicht mehr als achtzig Kilometer von seinem Geburtsort und schuf dennoch eine gewaltige Ideenlandschaft. Das Leben Bachs unterlag nicht nur geographischen, sondern auch kulturellen Einschränkungen; seine Unwissenheit zeigte sich in seiner häßlichen Handschrift, in seinen grammatischen Fehlern, seiner konfusen Diktion. Dennoch nahm er am Himmel Maß und reproduzierte in Klängen die großartigsten kosmischen Kreisläufe. Die hervorragende zeitgenössische Romanautorin Joyce Carol Oates schildert mit großer Eindringlichkeit Vielfraße, Folterer und Vergewaltiger. Diese schlanke, scheue, zurückgezogen lebende Frau versicherte mir, daß sie einfach als ein Medium diene, das wie wir alle, so meint sie, Zugang zu unerschöpflichen Quellen des Wissens habe.

Wir könnten versucht sein, all dies in rein künstlerischen und intellektuellen Kategorien zu erklären. Aber da ist noch mehr im Spiel. Beispielsweise haben die meisten von uns im Laufe ihres Lebens schon von irgendeiner Foltermethode gehört, die so ausgeklügelt, so unwahrscheinlich, so grauenvoll ist, daß sie völlig außerhalb unserer eigenen Erfahrung und auch jenseits unserer Vorstellungskraft zu sein scheint. Dennoch empfinden wir einen Schock des Wiedererkennens. Der Bauch eines Menschen wird aufgeschlitzt, seine Gedärme werden herausgerissen und verbrannt und er wird gezwungen, diesem Schauspiel zuzusehen. Ja, es ist von unbeschreiblicher Gräßlichkeit – und uns dennoch irgendwie vertraut. Im Grunde sind wir es, die diese Marter ersonnen haben.

Seien wir ganz ehrlich. Das Leben ist nicht »hübsch« oder »anständig«. Wenn wir alles kennen, dann kennen wir Greuel, die durch Worte nicht auszudrücken sind. Wenn wir das Universum »sind«, können wir uns angesichts der furchtbarsten Verbrechen nicht auf unsere Unschuld berufen. Wir haben mit Attila dem Hunnenkönig gemordet und gebrandschatzt. In abgezogene, verwesende Menschenhaut gehüllt, haben wir kleine Kinder geopfert, mit den anderen Priestern von Tenochtitlan rivalisierend, um zu sehen, wer sie am herzzerreißendsten zum Weinen bringen kann. Adolf Hitler ist kein Fremder in unserem hübschen Häuschen im Grünen, sondern ein vertrauter Gast. Wir kennen seine Vorlieben gut, seine Wahnsinnsausbrüche und blutigen Träume, denn sie sind auch die unseren. Seine Faszination wird solange anhalten, bis wir uns zu all dem bekennen, bis wir zugeben, daß der Hitler in uns auch ein charmanter Gesprächspartner, ein rücksichtsvoller Liebhaber und ein prächtiger Spielkamerad für Kinderbesuch ist. Wir werden seinen unverwüstlichen Leichnam erst dann in den Geschichtsbüchern zur Ruhe legen können, wenn wir uns zu dem Wunsch nach genau jener dionysischen Ekstase bekennen, die er verkündete und erlebte: den aufbrausenden Schrei »Sieg Heil!« aus hunderttausend Kehlen.

»Ich bin ein Mensch: von nichts, was die Menschheit betrifft, meine ich, es gehe mich nichts an«, schrieb der Dramatiker Terenz im 2. Jahrhundert vor Christus; der Gedanke ist, wie man sieht, nicht neu. Aber was ich meine, geht über das spezifisch Menschliche hinaus. Meine These setzt voraus, daß wir implizit etwas über das Leben in fernen Galaxien wissen, und hält es für möglich, daß sich die Phantasien der Science-fiction als einigermaßen zutreffende Kartographierung der Zukunft erweisen könnten. Ich vertrete darüber hinaus die Auffassung, daß alle kosmischen Strukturen, die »Geheimnisse des Universums«, in unseren Muskeln, Knochen und Zellen enthalten sind, in allem, was den Kontext des

Selbst ausmacht, und daß diese Strukturen in gewisser Weise unsere Art zu denken, zu fühlen und zu handeln beeinflussen müssen.

Beispielsweise widerspricht die Vorstellung des Hologramms, die Idee, daß ein Fragment eines Bildes das gesamte Bild enthält, unserem gesunden Menschenverstand. Gleichzeitig löst sie eine plötzliche, unerwartete Erregung, eben dieses Gefühl des Wiedererkennens, in uns aus. In den letzten Jahren hat es auch noch andere außerordentliche Entdeckungen gegeben, deren ausgefallenste wohl das sogenannte »Schwarze Loch« ist. Dieses bizarre Ding ist ein Produkt der stellaren Evolution; wenn ein Stern von einer bestimmten Masse einen bestimmten Grad an Dichte erreicht, dann zerquetscht die Schwerkraft seine eigene Materie. Übrig bleibt lediglich eine infinitesimale »Singularität«, welche, wie das Lächeln der Grinsekatze aus *Alice im Wunderland,* den Punkt im Raum markiert, an dem der Stern verschwand. Obwohl die Materie nicht mehr existiert, bestehen Drehmoment und Gravitation weiter und begleiten das merkwürdige »Un-Ding« auf seiner kosmischen Reise, mit entsprechenden Auswirkungen auf andere Objekte, die seinen Weg kreuzen. Die Singularität ist von einer kugelförmigen Hülle mit einem Durchmesser von 15 bis 30 Kilometern umgeben – dem sogenannten Schwarzen Loch. Der Sog der Schwerkraft in diesem Loch ist so stark, daß nichts, was in dieses Loch gerät, ihm wieder entrinnen kann; selbst Licht wird in das Schwarze Loch zurückgesogen, so daß es völlig verschwindet oder nach Meinung mancher Wissenschaftler in einem anderen Universum wieder zutage tritt. Die ganze Vorstellung ist grotesk, dennoch erinnert sie uns an durchaus menschliche Erfahrungen. Zweifellos gibt es auch in unserem persönlichen Kontext Schwarze Löcher; jedenfalls scheint es an manchen Tagen so. Während die Astronomen also ihre Suche nach den Schwarzen Löchern mit Radioteleskopen, Meßgeräten für kosmische Strahlen und Schwerkraftwellendetektoren fortsetzen, finden wir auch in unserem Inneren eine Bestätigung dieser Vorstellungen.

Ja, in irgendeiner Schicht wissen wir tatsächlich »alles«. Wir können die katastrophale Implosion *gefühlsmäßig nachvollziehen,* die im Weltraum ein Schwarzes Loch entstehen läßt. Dasselbe gilt für die Symmetrie aufsteigender Frequenzen, aus denen sich das elektromagnetische Spektrum und die musikalischen Oktaven zusammensetzen. Dasselbe gilt für den Drang eines Keimlings zu wachsen, für das Leiden eines hungernden Kindes in Indien, für den Klang von Musik auf einem fernen Planeten. So verstanden ist die im zweiten Kapitel beschriebene Synchronisierung von Sprecher und Zuhörer kein Rätsel mehr. In der Tiefe unseres Seins kennen wir den Rhythmus in der Stimme eines Menschen, sogar der Säugling kennt ihn; dieses Geheimnis offenbart sich in den subtilen Tanzbewegungen des Körpers.

All dies liegt in dem unermeßlichen, zum größten Teil unausgeleuchteten Kontext beschlossen, den wir als Körper, Seele und Geist eines Menschen bezeichnet haben. Um dieses Dunkel zu erhellen, braucht man nicht hinauszugehen und etwas zu suchen, was nicht da ist, sondern bloß das Licht des Bewußtseins auf das *Existierende* zu richten. Die Erweiterung des erhellten Bereichs ist ein erregender und oft schmerzhafter Prozeß, denn der begrenzte Schaltkreis unseres Bewußtseins wird leicht überlastet. Jeder neue Ausblick jagt uns Angst ein und entzückt uns gleichzeitig mit seinen neuen Schönheiten. Und es ist oft schwierig für unseren primitiven Intellekt, die scheinbaren Gegensätze miteinander zu versöhnen, aus denen die Harmonie des Universums letzten Endes gewoben ist.

Trotz unserer Schwächeanfälle erweitert sich jedoch der erhellte Bereich, wird der Lichtstrahl des menschlichen Denkens mächtiger. Die Gleichungen der modernen theoretischen Physik werfen ein neues Licht auf die uralte Intuition, daß alle Teile des Universums das Ganze enthalten. Die exotische neue Logik der Quantenphysik deutet darauf hin, daß wir als ein Topos von Wellen existieren, dessen Einfluß bis ans Ende von Zeit und Raum reicht. Neue Entdeckungen und neue Formulierungen überraschen uns – aber das Überraschende klingt doch auch irgendwie vertraut.

Aber immer wieder kommt auch etwas wirklich Neues in die Welt, nicht die Entdeckung von etwas bereits Bestehendem, sondern das Hervortreten des wahrhaft Unerwarteten, ein Geschenk des Universums in Form einer neuen Information oder Konfiguration. Diese Geschenke manifestieren sich manchmal in Gestalt eines Christus, eines Buddha oder eines heiligen Franziskus – eines knappen Menschenlebens, das den Lauf der Geschichte verändern kann. Vielleicht sind uns auch in unserer Zeit solche Geschenke zuteilgeworden.

Der Prediger kehrte stets zu derselben, weniger gesprochenen als gesungenen Wendung zurück. Immer und immer wieder stürzte er seine Gemeinde mit Chroniken der Tyrannei und Ungerechtigkeit verschiedener Epochen der Menschheitsgeschichte in Tiefen der Verzweiflung. Und dann sang er es wieder hinaus: *»Aber das Leben läßt sich nicht betrügen.«* Er erzählte uns vom Tyrannen, der gestürzt, und vom Unrecht, das durch die erlösenden Kräfte der Existenz hinweggefegt wurde. Seine Stimme tönte wie Musik, der oft wiederholte Satz wurde zu einem triumphierenden Refrain (»Das Leben läßt sich nicht betrügen«), der die Gemeinde zu leidenschaftlichen Zurufen veranlaßte: »Yes Lord!«, »Gelobt sei Jesus Christus!«, »Amen!«.

Es war der erste Sonntag im Februar 1961 in Atlanta, Georgia. Der Hilfspastor der Ebenezer-Baptistenkirche, ein junger Mann namens Martin Luther King jr., hielt die Predigt. Rings um mich ein Meer von schwarzen und braunen Gesichtern; Cal Bernstein und ich schienen die einzigen Weißen unter den Anwesenden zu sein. Wir waren im Auftrag der Zeitschrift *Look* in den Süden gekommen, um einen Bericht über die Sit-ins und den Rassenboykott in Atlanta zu schreiben, der Stadt, die in jenem Winter den Brennpunkt der Bürgerrechtsaktionen bildete. An den Schulen von Atlanta sollte die Rassentrennung im folgenden Herbst aufgehoben werden; jetzt ging es darum, Schwarzen den Zutritt zu Gaststätten zu erkämpfen, Demonstrationen zu organisieren und einen Boykott gegen die größte Kaufhauskette des Südens durchzuziehen. Die Bürgerrechtsbewegung war damals schon in vollem Gange. Atlanta, der Angelpunkt des »Tiefen Südens«, sollte zum Testfall für Kings Taktik der Gewaltfreiheit werden. Die Entwicklung in Atlanta sollte auch Gelegenheit zur Konsolidierung und Anlaß zum Jubel geben, denn viele der Ziele, die einmal phantastisch und jenseits aller realistischen Hoffnung erschienen waren, wurden nun Wirklichkeit.

Jeder Mensch ist zu seinem Segen und seinem Fluch mit einem automatischen Mechanismus ausgestattet, der das Unwahrscheinliche, ja selbst das an Wunder Grenzende unvermeidlich und alltäglich erscheinen läßt, sobald es erreicht ist. Jetzt, da jede öffentliche Einrichtung im Süden integriert ist, jetzt, da schwarze und weiße Arbeiter im hintersten Winkel von Mississippi nebeneinander ihr Mittagessen einnehmen, jetzt, da schwarze und weiße Kinder dasselbe Klassenzimmer und dieselben Toiletten benützen, da sie aus demselben Wasserhahn trinken und im selben Schwimmbecken schwimmen, jetzt, da die Schwarzen zu den Wahlurnen strömen und große Städte des Südens von schwarzen Bürgermeistern regiert werden, da Schwarze der Südstaaten im amerikanischen Kongreß sitzen und einer der führenden Mitstreiter Martin Luther Kings es zum amerikanischen Botschafter bei den Vereinten Nationen brachte – jetzt, da all dies Wirklichkeit wurde, ist es leicht, die Achseln zu zucken und zu sagen: »Ja, aber schau dir doch die Arbeitslosigkeit an«, oder: »Ja, aber haben sich die Gefühle der Menschen wirklich verändert?« Oder unzählige andere »Ja, aber«.

Um sich dieses Wunders in seiner ganzen Größe bewußt zu werden, müßte man bis in die dreißiger Jahre zurückgehen, als ich im Tiefen Süden aufwuchs, oder zumindest in die Zeit der Aufhebung der Rassentrennung durch den Obersten Gerichtshof im Jahre 1954, als die überwältigende Mehrzahl der weißen Südstaatler lautstark und immer wieder erklärte – und daran glaubte –, daß sie lieber sterben würden, als ein einziges Negerkind mit einer ihrer Töchter zur Schule gehen zu lassen. Die angesehensten Beobachter der damaligen Zeit im Norden wie auch im Süden sagten einen jahrzehntelangen Kampf voraus, der endlose juristische Manöver, offenen Widerstand und, im Falle der Gewaltanwendung, massives Blutvergießen mit sich bringen würde. Keine Veränderung ist schmerzhafter als diejenige, bei der es darum geht, einer zutiefst rationalisierten Immoralität ins Auge zu sehen und sich davon zu trennen. Kein Zweifel, der Süden erklärte: *»Niemals!«* – wie die Schlagzeilen in der Presse damals lauteten. Jeder, der 1954 vorausgesagt hätte, daß sich die Dinge so entwickeln würden, wie das dann der Fall war, wäre für verrückt gehalten worden.

Wie wir gesehen haben, tendiert das Universum jedoch dazu, das Unvorhersehbare hervorzubringen. Niemand hätte 1954 die wahre Bedeutung des Vorfalls vorhersagen können, der sich am 1. Dezember 1955 ereignete, als sich eine Negerin namens Rosa Parks mit sanfter Stimme weigerte, im hinteren Teil eines Busses in Montgomery Platz zu nehmen. Niemand hätte voraussagen können, daß der junge Baptistenprediger, der in den Ebenen von Südalabama ihre Sache verfocht, in der Philosophie und Taktik von *Satyagraha* geschult sein würde, der gewaltlosen »Kraft der Wahrheit« von Mohandas Gandhi. Niemand hätte voraussagen können, daß das neue, das ganze Land umspannende Kommunikationsmedium Fernsehen den Kampf von *Satyagraha* und *Soul* gegen den Rassenhaß mit so elektrisierender Wirkung sichtbar machen würde.

In Atlanta kam das alles zusammen. Ich hatte über Bürgerrechtskämpfe von Little Rock bis Ole Miss und Selma berichtet und fuhr fort darüber zu berichten, wobei mir Atlanta weniger aufgrund seiner Spannungen als aufgrund unerwarteter Augenblicke des Gelächters und des Reichtums seiner Musik in Erinnerung blieb. Als ich in Atlanta zum erstenmal *We Shall Overcome* hörte, schrieb ich mir die Noten dazu rasch auf, nicht ahnend, daß diese einfache Melodie bald in der ganzen Welt zu hören sein würde, daß sie die Hymne der Unterdrückten in allen Teilen der Erde werden sollte. Aber diese Wochen sind mir vor allem durch die Anwesenheit Martin Luther Kings und besonders durch seine Predigt in der Ebenezer-Baptistenkirche in lebhafter Erinnerung geblieben.

Es sollten zwei Jahre vergehen, bevor King der Friedensnobelpreis verliehen wurde, und an diesem Sonntagmorgen des Jahres 1961 sprach er nur zu seiner eigenen, vorwiegend dem schwarzen Mittelstand angehörenden

Gemeinde in einer Stadt im Süden der Vereinigten Staaten. Dennoch schien es mir, als spreche er bereits für die ganze Menschheit. Seine Botschaft war einfach. Schöpfung, Gerechtigkeit, Harmonie – dies sind die fundamentalen Gesetze des Universums. Manchmal erhebt sich Unrecht, um den Himmel herauszufordern, wird stark und scheinbar unbesiegbar. Aber jeder Napoleon hat sein Waterloo, jeder Hitler seinen brennenden Bunker in Berlin. »Das Leben läßt sich nicht betrügen.«

King näherte sich seinem Thema auf vier verschiedenen Wegen. Er behandelte es philosophisch, historisch, religiös und emotional, mit zwingender Rhythmik von einem Aspekt zum anderen wechselnd. Er zitierte Nietzsche, Kierkegaard, Schopenhauer und Gandhi. Er skizzierte die Geschichte von Israels Flucht aus Ägypten in einer blendenden zweiminütigen Vignette. Er zeichnete ein so erschütterndes Bild der afrikanischen Sklavenschiffe, daß die ganze Gemeinde in lautes Weinen ausgebrochen wäre, wenn er noch eine Minute weitergesprochen hätte. Nicht gewillt, uns in Emotionen versinken zu lassen, rüttelte er uns mit einem eindringlichen Appell aus der Ethik des Nikomachos auf und erinnerte uns an unsere Pflicht, in Einklang mit den Naturgesetzen zu leben, selbst wenn dies Leiden und Tod bedeute.

Während dieses unglaublichen Auftritts schlug sein Vater, Martin Luther King sr., eine mächtige Präsenz in einem großen Eichenstuhl über dem Altar, manchmal mit der flachen Hand auf die Armlehne und lachte laut vor Staunen. Einmal erscholl eine Stimme aus den hinteren Reihen: »Predigen! Predigen! Der Mann kann predigen!« Mein Kollege Bernstein und ich wiegten uns wie auch alle anderen im Rhythmus von Kings Worten, und obwohl es in der Kirche kühl war, glänzten unsere Gesichter vor Schweiß und Tränen. Ab und zu hörte ich Cal mit dem Rest der Gemeinde »Yes Lord!« sagen, was völlig untypisch für ihn und dennoch genau richtig war; ich hörte mich dasselbe sagen. Einmal neigte sich Cal herüber und flüsterte mir zu: »Zu schade, daß das nicht mitgeschnitten wird. Jeder im Lande sollte es hören.« »Vielleicht sind wir noch nicht reif dafür«, flüsterte ich zurück. »Es ist zu schön.«

Für mich war es so: fast zu schön, um es zu ertragen. Die Kirche wurde zu einem mythischen Ort (Berg Ararat in der Auburn Avenue). Der flüchtige Augenblick schien auf der Schneide von Geschichte und Zeit zu balancieren. Die Farben leuchteten stärker als üblich. Jeder Laut war frisch und unvergänglich. In seiner dunklen Robe stand King vor uns wie ein Prophet. Aus seinen leicht orientalischen Augen schimmerte uralte Weisheit, und er sprach von der menschlichen Bestimmung mit der Vehemenz und Majestät von Musik.

King führte uns zum Höhepunkt, indem er uns die Saga von Sklaverei und Befreiung, Leiden und Triumph in Amerika vor Augen führte. Irgendwie hätte »das bewundernswerte Volk der Neger« das Unrecht besiegt und Bitterkeit und Haß in einer Feuerprobe tiefer Menschlichkeit, die nunmehr als starke erlösende Kraft in der Welt wirken könne, in Mitgefühl und Liebe verwandelt. Die gegenwärtige Bürgerrechtsbewegung, sagte er, biete uns die Chance, unser Leben mit dem Strom des Universums zu vereinen, in dessen Mitte immer die kreative Macht der Liebe zu finden sei. Die Mächtigen würden stürzen. Die Lieder der Sklaven und Landpächter würden zu den Höhen der Erde und des Himmels aufsteigen. Selbst der protzigste Tyrann werde schließlich begreifen, wie nutzlos es ist, an den Ufern der Geschichte zu stehen und die Flut aufhalten zu wollen.

Die Predigt endete, das Gebet, die Segnung. Da sie

nicht aufgezeichnet wurde, ist mir der genaue Wortlaut entfallen, aber das Erlebnis ist mir noch gegenwärtig. Kings Stimme hatte mich in jedem Muskel, jeder Zelle berührt, und ich sollte danach nie mehr ganz derselbe sein. Denn was in mich einströmte, waren nicht bloß Worte, sondern ein majestätischer Rhythmus; die unbezwingbare, ewigüberraschende Musik des Universums selbst. *»Das Leben läßt sich nicht betrügen.«*

Nehmen wir einmal, wenn auch nur für einige Augenblicke, das Unglaubliche hin: daß unter der Welt, die wir für wirklich halten, eine tiefere Realität liegt, eine andere Welt, in der unsere üblichen Begriffe von Zeit und Raum und Bewegungsmoment außer Kraft gesetzt sind, in der unser unbedachter Glaube an das Unmögliche seine alte Bedeutung zu verlieren beginnt. Ein merkwürdiger Ort ist diese Welt der »Neuen Physik«, eine Welt der letztendlichen Verbundenheit, wo das Bewußtsein – oder die »Beobachterschaft«, wie es John Wheeler nennt – schon mit der Schöpfung koexistierte und von der man sagen könnte, daß die Unermeßlichkeit des Raumes, die nukleare Feuersbrunst der Sterne, die Explosionen der Galaxien einfach Mechanismen zur Erzeugung des ersten Schimmers von Bewußtsein in den Augen Ihres Kindes seien.*

Wie sollen wir in einer solchen Welt leben können? Ein grantiger Taxifahrer schnauzt Sie an. Zorn steigt in Ihnen auf. Aber warten Sie ... Der Taxifahrer ist, von einem bestimmten, ganz einzigartigen Standpunkt aus gesehen, ein Ausdruck des gesamten Universums. Unter dem verzerrten Gesicht und der geballten Faust schlägt der Pulsschlag des vollkommenen Rhythmus, lautlos

* John Archibald Wheeler, »Genesis and Observership«, *Foundational Problems in the Special Sciences*, Butts und Hintikka, Hrsg., Dordrecht, Holland, 1977, S. 3 ff.

und unerkannt, aber dennoch präsent. Sagen wir, daß sein Fluchen aus unerfülltem Potential entspringe; vielleicht ist es ein Schrei um Hilfe. Auf jeden Fall besteht keine Notwendigkeit, die atmosphärischen Störungen und die Verwirrung zu vergrößern, indem man zurückschnauzt.

Andererseits besteht auch keine Veranlassung, passiv zu sein und ein Opfer der Umstände zu werden. Aus der in diesem Buch zitierten Sicht der Realität besitzt jeder von uns praktisch unbegrenzte Reserven ungenutzter Kraft und ungenutzten Wissens; Alternativen sind möglich, so sehr wir uns auch in die Ecke gedrängt fühlen mögen. Wir sind nicht bloße Beobachter und können das nie sein, sondern müssen immer die Rolle aktiver Teilnehmer am Fest des Lebens spielen.

Es ist faszinierend für mich, daß uns die Physiker diese Einsichten genau in dem Augenblick vermitteln, da die Welt reif für eine Verwandlung ist. Offenkundig ist die Zeit für uns vorbei, in der wir unser Selbst verbissen als von der übrigen Welt abgetrennt und in Widerspruch dazu stehend begreifen konnten. Diese tragische Polarisierung zwischen dem Selbst und dem »anderen« sowie die Glorifizierung des Konkurrenzdenkens und »Gewinnens« und der allgemeinen Selbstsucht mag sich zur Zeit des Wilden Westens bewährt haben, aber in den letzten Jahren mußte es zu Vietnam, Watergate und den Energie-, Umwelt- und Wirtschaftskrisen führen. Simple geschichtliche Logik – nicht weniger als die hier vertretenen Thesen – zwingt uns, unsere Wertvorstellungen und unser Verhalten zu revidieren.

Eine Welt der Verbundenheit, der Möglichkeit und der Evolution erfordert einen starken Sinn für Gemeinschaft sowie für die Übernahme persönlicher Verantwortung; sie verlangt Abkehr von Wettkampf und Sieg und erneuerte Wertschätzung für Teilnehmen und Erfahren; Sanftheit und Lebensfreude statt Aggression; Verschmelzung mit der Natur statt Herrschaft über die Natur; einen bescheideneren, umweltbewußteren Lebensstandard und eine mächtige Intentionalität statt exponentiellem Wachstum in Produktion und Verbrauch; soziale Gerechtigkeit auf der ganzen Welt.

Vielleicht wichtiger als alles andere, was sich in Worten ausdrücken läßt, bietet die neue Welt – wenn wir dafür bereit sind – das Erregende des Neuen und Unerwarteten.

Unaufhörlich pulsierend, dehnt sich das Universum aus. Sterne brennen aus; Galaxien verlangsamen ihre Drehung. Was die physikalische Energie in einem bestimmten Gebiet betrifft, so gelten die Gesetze der Entropie, der Zunahme des Verfalls und der Unordnung. Doch paradoxerweise bringt das Universum als Ganzes ständig neue Informationen, eine neue Ordnung und Komplexität hervor. Diese Evolution höherer Formen schreitet nicht in gleichmäßigem Tempo, sondern in pulsierenden Wellen voran. Eine Million Taufliegen sterben, um eine einzige lebensfähige neue Mutation hervorzubringen. Eine neue Kultur oder eine neue musikalische Form entsprießt der langen Abwärtsspirale des Vorhergegangenen.

Die Zukunft scheint eine Katastrophe zu bergen, und die Stimmen des Zynismus und der Verzweiflung verschaffen sich lautes Gehör. Aber die Zyniker sehen nur eine Seite der Welle. Die andere Seite enthält irgendeine unerwartete Konstellation von Kräften, einen neuen Martin Luther King jr., der die soziale Ordnung vieler Jahrhunderte in wenigen Jahren verwandeln kann; oder eine neue Erfindung wie den Transistor, der heute ein weltumspannendes computerisiertes Kommunikationsnetz hervorbringt und die gesellschaftliche Ordnung von Jahrtausenden transformiert.

In Begriffen der Spieltheorie könnte man sagen, das Universum sei so beschaffen, daß das Spiel maximiert wird. Die besten Spiele sind nicht diejenigen, bei denen alles glatt und gleichmäßig einem berechenbaren Ende zustrebt, sondern diejenigen, bei denen der Ausgang immer ungewiß bleibt. Im Fußball könnten wir beispielsweise den Elfmeterpunkt einige Meter vorverlegen und so praktisch jeden Strafstoß mit einem Tor ausgehen lassen. Oder wir könnten ihn einige Meter zurückverlegen, dem Torwart damit genug Zeit zum Reagieren und nicht nur Vorausahnen geben und damit die Erzielung eines Tors beim Strafstoß unwahrscheinlich machen. Beide genannten Veränderungen würden den Ablauf glatter und voraussagbarer machen – und das Spiel ruinieren. Unter den jetzigen Umständen erreicht die Spannung immer einen Höhepunkt, wenn ein Spieler zum Strafstoß antritt. Der Spielverlauf ist optimal. Und genauso ist die Geometrie des Lebens dazu angetan, uns am Punkt maximaler Spannung zwischen Sicherheit und Unsicherheit, Ordnung und Chaos zu halten. Bei jeder wichtigen Entscheidung geht es »um die Wurst«. Wir überleben um Haaresbreite – nur so entwickeln wir uns. In Wirklichkeit wollen wir es auch gar nicht anders.

Der Name des Spiels ist Evolution, und jeder von uns ist voll daran beteiligt. Durch unsere Intentionalität können wir sowohl unseren Körper als auch den »Körper« unseres Gemeinwesens auf erstaunlich wirksame und dramatische Weise verändern. Dies geschieht ständig, ob wir uns dessen bewußt sind oder nicht. Im tiefsten Inneren wissen wir alles. So eingeengt unsere Situation auch erscheinen mag: Selbst in einer Gefängniszelle oder auf dem Sturz in den Abgrund sind wir reich an Optionen, wie wir diesen Augenblick erleben wollen. Durch Verwandlung des Augenblicks verwandeln wir bis zu einem gewissen Grad die gesamte Existenz.

Und dies ist vielleicht am schwierigsten für uns zu akzeptieren: nicht daß wir die Vorlieben eines Hitler teilen, sondern daß wir auch Göttern gleichen. Ich möchte Ihnen diese Idee nicht aufdrängen. Da ich meine eigenen Grenzen kenne und rings um mich soviel Leid und Vergeudung von Potential sehe, weiß ich sehr wohl, wieviel Angst und Schmerzen es verursacht, die transformierenden Kräfte zu erkennen, deren Existenz wir endlich wahrhaben müssen. Die Rolle des Zynikers ist in unserer Geschichte schon seit langem hochangesehen. Ich möchte niemanden der Bequemlichkeit und Sicherheit berauben, die sie gewährt.

Aber es gibt glitzernde Augenblicke auf dem Gipfel eines Berges, in denen sich das Chaos im reflektierten Sonnenlicht auflöst, Augenblicke von vollkommenem Rhythmus. Es gibt Abendstunden am offenen Kamin, wenn der Raum von Musik erfüllt ist, Musik, die den Pulsschlag des Körpers mit dem Rhythmus des Universums verschmelzen läßt. Scheinbare Gegensätze werden in diesem Pulsieren miteinander versöhnt, nicht durch die Leugnung von Tod und Gewalt, Leid und Ungerechtigkeit, sondern durch die vitale, pulsierende Kraft, die aus Gegensätzen Harmonie hervorbringt. In diesen Augenblicken ist alles, was existiert, Musik, hörbare und unhörbare Musik, in der Negation und Selbsttäuschung unmöglich sind. Und dann sind alle Zusammenhänge klar, und ich weiß, daß Martin Luther King recht hatte.

Das Leben läßt sich nicht betrügen.

Praktische Übungen

Der Weg zu vollkommenem Rhythmus

Bevor Sie die hier beschriebenen Übungen machen, sollten Sie sich im Gleichgewicht befinden und zentriert sein. Am besten beginnt man damit, daß man sich die Anleitungen, ob man nun allein ist oder sich in einer Gruppe befindet, von jemandem vorlesen läßt. Dies dauert etwa zehn bis fünfzehn Minuten. Sobald man darin Übung hat, kann man sich selbst ohne Hilfe von außen in wenigen Sekunden ins Gleichgewicht bringen und zentrieren.

Achten Sie darauf, daß drei Pünktchen eine deutliche Pause anzeigen. Vor dem Weiterlesen sollte die Person, die die Anweisungen vorliest, ihren eigenen Zustand überprüfen und sich vergewissern, daß diejenigen, die den Anleitungen folgen, für den nächsten Schritt bereit sind. Die Instruktionen sollten mit klarer, ruhiger Stimme vorgelesen werden:

»Bitte stellen Sie sich aufrecht hin, die Füße etwas weiter auseinander als Schulterbreite, mit offenen Augen, die Knie sollen durchgestreckt sein, aber nicht verkrampft, die Arme hängen entspannt herab ... Berühren Sie nun mit dem Zeigefinger Ihrer rechten Hand einen Punkt, der etwa drei bis fünf Zentimeter unter Ihrem Nabel liegt. Drücken Sie fest nach innen, in die Mitte des Bauches. Dies ist ihr *Zentrum,* das die Japaner als *Hara* bezeichnen. Es ist das physikalische Schwerkraftzentrum Ihres Körpers. Lassen Sie nun die Hand wieder herunterhängen. Atmen Sie durch die Nase ein und lassen Sie die Luft durch Ihren Körper abwärts bis in Ihr Zentrum strömen. Lassen Sie Ihren Bauch vom Zentrum her nach allen Seiten expandieren, nach vorne, nach hinten, nach beiden Seiten, nach unten ...

Während Sie entspannt weiteratmen, strecken Sie Ihre Arme waagrecht nach vorn, wobei Sie die Handgelenke völlig locker lassen. Schütteln Sie die Hände jetzt so stark, daß Ihr ganzer Körper vibriert ... Danke. Lassen Sie jetzt Ihre Arme langsam herabsinken, und sobald Ihre Hände mit den Beinen oder der Kleidung in Berührung kommen, betrachten Sie dies als automatisches Signal, das Ihre Arme wieder nach oben schweben läßt. Lassen Sie Ihre Arme direkt vor sich nach oben schweben und lassen Sie die Hände dabei locker hängen. Sobald sich die Arme heben, senken Sie den Körper, indem Sie die Knie leicht beugen. Der Oberkörper bleibt aufrecht. Die Arme heben sich wie von warmem, salzigem Wasser gehoben. Sobald Ihre Arme waagrecht sind, drehen Sie die Handflächen nach vorn, als ob Sie auf der Oberfläche des Wassers einen Ball schubsen würden. Die Schultern sind entspannt. Bewegen Sie die Arme jetzt seitwärts, als ob Sie durch Ihre Handflächen spüren oder ›sehen‹ könnten. Wie wäre das, wenn Sie Dinge durch Ihre Handflächen spüren könnten? ... Schütteln Sie jetzt die Hände aus und wiederholen Sie den Vorgang. Sobald Ihre Hände den Körper oder die Kleider berühren, ist das ein automatisches Signal zum Armheben. Lassen Sie die Arme aufsteigen, als würden sie in warmem, ruhigem Wasser hochgetrieben. Wenn sich die Arme heben, senkt sich der Körper. Die Knie gebeugt, der Oberkörper aufrecht. Jetzt drehen Sie die Handflächen nach vorn und spüren Sie die Welt durch Ihre Handflächen, die von einer Seite zur anderen gleiten. Wie wäre es, wenn Sie eine Person in Ihrer Nähe durch Ihre Handflächen spüren könnten? Versuchen Sie es. Wie würde sich das anfühlen, wenn Sie es könnten? ...

Gut. Senken Sie die Hände und lassen Sie sie diesmal völlig entspannt hängen. Bitte schließen Sie die Augen. Die Knie sollen nicht starr durchgedrückt und nicht gebeugt sein. Überprüfen Sie jetzt, ob Ihr Körpergewicht gleichmäßig zwischen dem rechten und linken Fuß verteilt ist. Verlagern Sie das Gewicht leicht von einer zur anderen Seite und balancieren Sie den Körper gut aus ... Überprüfen Sie jetzt, ob Ihr Gewicht gleichmäßig zwischen den Fersen und den Fußballen verteilt ist ... Knie nicht starr und nicht gebeugt ... Bitte lassen Sie die Augen geschlossen, und nehmen Sie jederzeit eine bequemere Stellung ein, wenn Sie wollen ... Bewegen Sie den Kopf jetzt vor und zurück, um den Punkt zu finden, an dem er mit der geringsten Muskelanstrengung auf der Wirbelsäule ruht ... Lassen Sie sich jetzt einen Augenblick Zeit, um Ihren Kiefer zu entspannen ... Ihre Zunge ... die Muskeln und die Augen, Ihre Stirn, Ihre Schläfen ... Danke. Bitte richten Sie Ihre Aufmerksamkeit jetzt auf Ihre Schultern. Lassen Sie sie nach unten schmelzen wie weiche, warme Schokolade. Mit jedem Ausatmen lassen Sie sie ein bißchen weiter schmelzen ... Und jetzt die Bauchregion. Lockern Sie auch diese. Setzen Sie alle Spannungen frei. Lassen Sie mit jedem Ausatmen ein bißchen mehr locker ...

Richten Sie Ihre Aufmerksamkeit jetzt auf die hintere Hälfte Ihres Körpers. Was wäre, wenn Sie spüren könnten, was hinter Ihnen ist? Wie wäre es, wenn Sie Sensoren hätten, Augen im Kreuz ... in den Kniekehlen ... an den Fersen? ... Wie würde die Welt aus diesem Blickwinkel aussehen? ... Oder vom Nacken aus? ...

Tasten Sie jetzt Ihren ganzen Körper mit einem Bewußtseinsstrahl ab und suchen Sie nach Stellen, die angespannt oder starr oder gefühllos sind. Beleuchten Sie diese Stelle einfach, sammeln Sie sich darauf. Diese Probleme verschwinden häufig von selbst, wenn man sie sich bewußtmacht ...

Konzentrieren Sie sich nochmals auf Ihre Atmung ... Nehmen Sie den Rhythmus bewußt wahr. Im Rhythmus mit dem einströmenden Atem öffnen Sie jetzt die Augen ... Gehen Sie langsam herum und bleiben Sie dabei in dem entspannten Zustand, den Sie erreicht haben; die Augen sind geöffnet und auf nichts Bestimmtes gerichtet ... Machen Sie Ihr körperliches Zentrum zum Zentrum Ihres Bewußtseins ... Können Sie sich vorstellen, daß diese Körpermitte das Zentrum des Universums ist? ... Wie würde sich das auf Ihr eigenes Selbst-Bewußtsein auswirken, wenn Ihre Körpermitte das Zentrum des Universums wäre? ...

Im Laufe des Tages können Sie den Vorgang des Zentrierens und Ausbalancierens gelegentlich wiederholen. Bitte denken Sie daran, daß der Körper eine Metapher für alles übrige ist. Ihre Beziehungen, Ihre Arbeit, Ihr ganzes Leben kann zentriert und ins Gleichgewicht gebracht werden. Und wenn Sie auf die eine oder andere Art aus Ihrem Zentrum gestoßen wurden, besteht immer die Möglichkeit – wenn Sie ganz bewußt bleiben können - auf einer noch tieferen Ebene zu dem ausgewogenen und zentrierten Zustand zurückzukehren.«

Rückkehr zum Zentrum

Es gibt verschiedene Wege, dies zu erreichen. Unter anderem:

Stehen Sie mit geschlossenen Augen, bringen Sie sich ins Gleichgewicht und zentrieren Sie sich, beugen Sie sich dann aus der Taille nach vorn. Wenn Sie sich an diese Stellung gewöhnt haben, richten Sie sich rasch auf und öffnen die Augen. Lassen Sie das Gefühl der Desorientierung voll zu; leugnen Sie nicht die Realität. Begeben Sie sich dann wieder in einen zentrierten Zustand. Machen Sie sich bewußt, was während dieses Vorgangs geschieht. Erscheint der Zustand der Zentrierung und des Gleichgewichts kraftvoller und vitaler, nachdem er vorübergehend verlorengegangen war?

Bringen Sie sich ins Gleichgewicht und zentrieren Sie sich stehend mit offenen Augen. Lassen Sie die Augen offen und drehen Sie sich mehrfach links herum, dann rechts herum – gerade genug, um leicht schwindlig zu werden. Bleiben Sie dann stehen und kehren Sie zum Zentrum zurück, wobei Sie Ihre Aufmerksamkeit verstärkt auf die Fußsohlen richten. Erleben Sie den ganzen Vorgang wieder möglichst bewußt.

Die Augen geöffnet, die Beine weit gegrätscht, die Arme etwas vom Körper entfernt, bringen Sie sich ins Gleichgewicht und zentrieren Sie sich. Eine zweite Person soll sich Ihnen leise von hinten nähern und Sie bei einem Handgelenk packen und zwar so fest, daß Sie zusammenzucken. Machen Sie sich bewußt, wie Sie dadurch aus dem Zentrum geraten sind. Beschreiben Sie sich das selbst genau. (Zum Beispiel: »Ich fühlte, wie in meinem linken Arm Energie hochschoß, als hätte ich einen elektrischen Schlag erhalten«, oder: »Mein Herz klopfte plötzlich bis zum Halse.«) Kehren Sie dann ins Zentrum zurück, wobei Sie den Körper durch leichtes Beugen der Knie senken. *Benutzen* Sie die Energie des plötzlichen Schocks als Hilfe beim Zentrierungsvorgang. Lassen Sie Ihr ganze Wesen expandieren. Bedenken Sie die Möglichkeit, daß ein plötzlicher Schock, der auf diese Weise erlebt wird, als Geschenk betrachtet werden kann.

Für die meisten Menschen unserer Kultur besteht das normale Sehen darin, die Augen auf besondere formale Gegebenheiten zu fokussieren und ihnen Gestalt, kulturelle Bedeutung und einen Namen zu verleihen. Diese Art des Sehens, die ich mit dem Begriff *scharfer Blick* bezeichne, ist im Grunde analytisch; Figuren werden dadurch von dem Grund abgehoben, in welchem sie praktisch existieren – »Objekte« werden geschaffen und scharf voneinander abgegrenzt. Sehen mit dem scharfen Blick ist eine positive Handlung; sie erfordert eine aktive Aneignung der Welt. Mit dem scharfen Blick können wir das Kleingedruckte lesen.

Der scharfe Blick eignet sich für viele, aber nicht für alle Situationen. Die visuelle Aufnahme, die ich als *weichen Blick* bezeichne, stellt eine Alternative dazu dar. Diese Art der Aufnahme ist rezeptiv statt zupackend und zielt nicht auf eine Analyse, sondern auf eine Synthese ab. Sie läßt die visuelle Welt in sich eindringen, statt aktiv nach ihr zu greifen. Mit dem weichen Blick nehmen wir ein ganzes Gesichtsfeld in Form von Energien und Bewegungen wahr, aus denen es besteht, statt die Ansammlung getrennter Objekte zu sehen, die darin enthalten sind. Die übliche Unterscheidung zwischen Figur und Grund ist weniger ausgeprägt. Beim weichen Blick ist das periphere Sehvermögen erhöht, die Tiefenwahrnehmung scheint größer zu sein und die Farben sind erstaunlich leuchtkräftig.

Der weiche Blick ist nicht nur eine alternative Sichtweise, er zieht auch einen veränderten Bewußtseinszustand nach sich. Sobald man die Kunst des weichen Blicks gemeistert hat, kann dieser Zustand in einem Sekundenbruchteil erreicht werden. Die folgenden detaillierten Anweisungen sind zur Einführung gedacht: Beginnen Sie, indem Sie mit geschlossenen Augen in der soeben beschriebenen ausbalancierten und zentrierten Haltung stehen. Dabei ist es besonders wichtig, daß Ihre Schultern und Ihre Bauchregion entspannt sind; der weiche Blick ist bei angespannter Schultermuskulatur oder verkrampfter Bauchregion praktisch unmöglich zu erreichen. Die Atmung sollte wie immer spontan und nicht kontrolliert sein.

Massieren Sie nun beide Augäpfel sehr sanft mit den Fingerkuppen beider Hände durch die geschlossenen Lider, bis die Augäpfel etwas weicher zu werden scheinen. Lassen Sie dann die Hände seitlich herunterhängen und überprüfen Sie, ob die Arme völlig entspannt sind. Achten Sie bewußt auf Ihre Atmung. Öffnen Sie beim zweiten oder dritten Einatmen die Augen und lassen Sie die Welt herein. *Fixieren* Sie nichts und versuchen Sie nicht, das natürliche Blinken der Augen zu verhindern. *Greifen* Sie nicht mit dem Blick nach etwas, fokussieren Sie kein Objekt und keinen Punkt Ihres Gesichtsfeldes. Es geht nicht darum, die Augen zu defokussieren. Man könnte sagen, die Augen fokussieren die Unendlichkeit, aber auch das wäre nicht völlig zutreffend. Besser wäre die Formulierung, daß der Blick auf nichts Bestimmtes gerichtet ist. Die Augen sind einfach offen.

Werden Sie nun des gesamten Gesichtsfeldes gewahr, ohne einem Teil größere Aufmerksamkeit zuzuwenden als einem anderen. Betrachten Sie jede Bewegung, jede Form und Farbe als einen integralen Teil des ganzen Feldes, der mit allem übrigen in Beziehung steht.

Die Füße fest auf den Boden geheftet, drehen Sie den Körper von der Hüfte aus nach links und rechts und lassen Sie die Arme dabei frei schwingen. Durch diese Bewegung kann der weiche Blick das gesamte Gesichtsfeld erfassen und mühelos alles Sichtbare miteinander in Beziehung setzen. Vielleicht werden Sie eine gesteigerte Tiefenwahrnehmung und eine Intensivierung der Farben feststellen.

Anschließend können Sie umhergehen und den weichen Blick an einem beweglichen Gesichtsfeld erproben. Achten Sie darauf, daß Sie blitzschnell vom weichen Blick auf den scharfen Blick umschalten können. Diese Fähigkeit des Umschaltens ist ein Schlüsselelement der meisten Übungen in diesem Anhang.

Es gibt auch viele praktische Anwendungsmöglichkeiten für den weichen Blick, insbesondere beim Sport. Ein Torwart muß beispielsweise in der Lage sein, den gesamten Verlauf von Pässen im Auge zu behalten, statt seinen Blick auf einen Spieler zu heften. Viele technisch sonst ausgezeichnete Spieler gelangen nur deshalb nicht in die Spitzengruppe, weil es ihnen schwerfällt, freistehende Teamkameraden wahrzunehmen, wenn der Nächststehende vom Gegner gedeckt wird. Dieses Problem wird durch den weichen Blick gelöst. Dieser ist auch beim Basketball, beim Hockey und allen anderen Sportarten von Nutzen, bei denen man es mit freifließenden Bewegungen mehrerer Spieler zu tun hat. Wenn Sie das nächstemal bei einem Handballspiel zuschauen, achten Sie auf den Gesichtsausdruck der Spieler: diesen entspannten, leerwirkenden Blick inmitten hektischer Aktionen. Niemand hat diese Spieler die Kunst des weichen Blicks gelehrt. Es ist einfach so, daß diejenigen, die ihn intuitiv gelernt haben, falls sie auch sonst über die nötigen Voraussetzungen verfügen und entsprechend motiviert sind, zur Spitzengruppe aufgestiegen sind. Ich selbst verdanke meine Übung im weichen Blick der Kunst des Aikido, bei dem man gleichzeitig von mehreren Leuten angegriffen wird. Wenn drei oder mehr agile Aikido-Kämpfer mit voller Wucht auf einen losrennen, dann ist der weiche Blick eine Notwendigkeit; man hat keine Zeit, das Kleingedruckte zu lesen. Ich habe übrigens die Erfahrung gemacht, daß sich der weiche Blick in fast allen Aikido-Situationen bewährt, selbst bei Partnerübungen im Zeitlupentempo. Bei dieser Art des Sehens und Seins ist die Koordination leichter und die Körperbewegungen verlaufen glatter. Der weiche Blick ist auch in vielen Situationen des täglichen Lebens hilfreich – beispielsweise wenn man das Auto durch einen Engpaß steuert, ja selbst wenn man auf einem überfüllten Gehsteig geht. In der Natur kann man die Bewegungen von Vögeln und anderem Getier mit dem weichen Blick leichter wahrnehmen als mit dem scharfen Blick. Alle intuitiven Fähigkeiten scheinen gesteigert zu sein.

Beim Umschalten vom scharfen auf den weichen Blick verändert sich anscheinend das Hirnwellenmuster. Ich diente als Versuchsperson bei neurologischen Versuchen, die im Labor von Dr. Mikuriya durchgeführt wurden, der gegenwärtig auf dem Gebiet des Biofeedback forscht. Bei scharfem Blick pulsierten sowohl die rechte als auch die linke Hemisphäre der Sehrinde meines Gehirns mit einer Frequenz von sechzehn Hertz. Dies ist typisch für den Beta-Wellenbereich, der bei normaler Aufmerksamkeit vorherrscht. Sobald ich ankündigte, zum weichen Blick überzugehen, pulsierte die rechte Hemisphäre mit sechzehn Hertz weiter, die linke Gehirnhälfte fiel jedoch auf zwölf Hertz ab, was einem hohen Alphawellenzustand entspricht, der im allgemeinen bei geschlossenen Augen auftritt. Dieses ziemlich überraschende Ergebnis wurde von Dr. Mikuriya dahingehend gedeutet, daß die verbal-rationale linke Hemisphäre praktisch auf Leerlauf geschaltet hatte und der intuitiven, mustererkennenden rechten Hemisphäre die Führung überließ.

Machen Sie diese Übung zunächst an einem Punkt, von dem aus Sie einen Baum oder Strauch sehen können. Stehen Sie aufrecht, stellen Sie das Gleichgewicht her und zentrieren Sie sich. Schauen Sie nun mit weichem Blick in die allgemeine Richtung des Baumes, dann fassen Sie ein bestimmtes Blatt scharf ins Auge. Erheben Sie die linke Hand mit ausgestrecktem Zeigefinger und zeigen Sie direkt auf dieses Blatt. Der Arm und die Schultern sollten entspannt sein. Nehmen Sie an, daß irgendein Aspekt Ihres Fingers das Blatt tatsächlich *berührt.* Vielleicht können Sie sich einen Energiestrahl vorstellen, der sich von der Fingerspitze bis zu dem Blatt erstreckt, oder vielleicht können Sie die Empfindung haben, daß der Finger selbst irgendwie den Raum überbrückt, um das Blatt zu *berühren.* Auf jeden Fall geht es darum, eine gegenseitige Beeinflussung anzunehmen; durch diesen Akt der Absichtlichkeit beeinflussen Sie das Blatt in gewissem Maße, und das Blatt beeinflußt Sie in ähnlicher Weise.

Während Ihr Finger das Blatt berührt, fahren Sie fort, sich Ihres eigenen Zentrums als Zentrum des Universums bewußt zu sein. Das Blatt ist auch ein Teil des Universums, das sich von Ihrem Zentrum aus erstreckt. Während dieser Übung erhält dieses bestimmte Blatt aufgrund der Ausrichtung des Interesses, die Ihre Intentionalität bewirkt, eine besondere Bedeutung.

Nach etwa fünf Minuten machen Sie Ihren Blick wieder weich, und lassen Sie Ihren Zeigefinger zu beiden Seiten des Blattes abwechselnd nach links und nach rechts pendeln. Verspüren Sie eine erhöhte Sensibilität in Ihrer Fingerspitze, sooft diese das Blatt »berührt«?

Senken Sie jetzt den Arm, schütteln Sie beide Hände

aus, überprüfen Sie Ihr Gleichgewicht und Ihre Zentrierung und wiederholen Sie den Berührungsvorgang mit demselben Blatt. Wenn das Blatt bei Ihnen eine starke Empfindung auslöst, sooft Sie es im Zustand des weichen Blickes mit dem Finger »berühren«, dann versuchen Sie diesesmal dasselbe mit geschlossenen Augen. Falls dies Erfolg hat, versuchen Sie Ihren Finger noch weiter vom Ziel zu entfernen und überprüfen Sie, ob Sie das Blatt finden können, ohne die Augen zu öffnen.

Der Hauptzweck dieser Übung ist, Ihnen ein neues Gefühl der Verbundenheit mit der Welt zu vermitteln. Im allgemeinen empfiehlt es sich, zunächst Kontakt mit lebendigen Dingen oder anderen organisierten Objekten (Uhren, Gemälden, Autos etc.) aufzunehmen, aber die Übung kann auf jeden Bestandteil der Welt angewandt werden, dem Sie Bedeutung verleihen wollen. Sie kann auch noch verfeinert werden. Eine meiner Schülerinnen hat mir beispielsweise erzählt, daß sie einen Kolibri auf einem Futternapf »berührte« und deutlich die Form seines Körpers, seine pulsierende Kehle und den Schlag seiner Flügel verspürte.

Der Kristalline Zustand

Im kristallinen Zustand gibt es keine Erwartung und auch kein Vor-Urteil. Die Beschäftigung mit der Vergangenheit und der Zukunft weicht der alleinigen Konzentration auf die Gegenwart. Handlungen, die im kristallinen Zustand erfolgen, sind keine *überlegten Handlungen*, sondern *angemessene Handlungen*. Wenn man voll in diesen Zustand eintaucht, gestattet er einem, sich des vollkommenen Rhythmus bewußt zu werden, der im Zentrum unseres Seins immer existiert. Um in den kristallinen Zustand zu gelangen, bedarf es keiner Anweisungen; er kann sich spontan einstellen, wie im achten Kapitel beschrieben. Andererseits können auch Anleitungen nicht garantieren, daß Sie diesen Zustand erreichen werden. Die folgende Übung soll Sie auf den richtigen Weg führen. Ihre eigene Intentionalität ist das entscheidende Ingredienz.

Setzen Sie sich bequem hin, entweder in einer Meditationsstellung oder auf einen Stuhl mit gerader Lehne. Bringen Sie sich ins Gleichgewicht und zentrieren Sie sich, lassen Sie Ihren Blick weich werden. Stellen Sie sich vor, daß Sie eine Kugel etwa in der Größe eines Volleyballes in den Händen halten. Halten Sie die Kugel ganz sachte. Stellen Sie sich vor, daß sie so klar und rein wie Kristall ist. Spüren Sie ihre Oberfläche, indem Sie Ihre Hände rhythmisch ein wenig einander nähern und wieder voneinander entfernen. Lassen Sie die Kugel so wirklich werden wie Ihre Intentionalität. Versuchen Sie bei Ihren Handbewegungen tatsächlich zu *fühlen*, wo ihre Oberfläche beginnt.

Denken Sie, während Ihre Hände um die Kugel pulsieren, an Ihr dringendstes persönliches Problem, was auch immer gerade Ihr Ich beschäftigt. Geben Sie dieses Problem *in* die Kugel hinein. Fokussieren Sie Ihre Augen jetzt auf das Problem. Lassen Sie es Form, Struktur und Farbe annehmen. Wie sieht das Problem jetzt aus? Bewegt es sich vielleicht? Welchen Teil der Kugel füllt es aus?

Fragen Sie sich, ob Sie gewillt sind, dieses Problem für die nächsten fünfzehn oder zwanzig Minuten aufzugeben. Sind Sie bereit, es zumindest für diese Zeitspanne völlig loszulassen? Versichern Sie sich, daß Sie das Problem nach der Übung zurückhaben können, falls Sie es wollen. (Ihre Probleme sind wichtige Aspekte Ihres Ichs;

in diesem Fall kann man sogar sagen, daß dieses spezielle Problem Ihr Ich repräsentiert.)

Falls Sie wirklich bereit sind, Ihr Problem für die nächsten fünfzehn oder zwanzig Minuten aufzugeben, treten Sie die Kugel mit dem darin enthaltenen Problem in den Fußboden. Lassen Sie sie in der Erde versinken. Die Erde wird Ihnen als »Bank« dienen; Sie können das Problem später wieder zurückbekommen.

Schütteln Sie Ihre Hände aus. Bringen Sie sich ins Gleichgewicht und zentrieren Sie sich. Lassen Sie zwischen Ihren Händen wieder eine Kugel entstehen. Die Kugel ist so rein und klar wie Kristall. Fokussieren Sie Ihre Augen auf den Mittelpunkt der Kugel und lassen Sie den Hintergrund unscharf werden. Lassen Sie Ihre Hände weiter pulsieren. Es wird Ihnen vielleicht schwerfallen, Ihren Blick auf »nichts« zu fixieren, aber führen Sie dennoch den Fokus immer wieder zu diesem zentralen Punkt zurück. Setzen Sie diese Übung mindestens fünf Minuten lang fort.

Denken Sie in dieser Zeitspanne daran, daß der jetzt durch die Kugel repräsentierte kristalline Zustand keine Erwartungen und keine Vor-Urteile enthält. Er existiert in den Schwingungen des gegenwärtigen Augenblicks. Was Sie im kristallinen Zustand erleben, ist weder »gut« noch »schlecht«, weder »erfolgreich« noch »erfolglos«. Es *ist* einfach.

Nachdem etwa fünf Minuten der Konzentration vergangen sind, fragen Sie sich: »Bin ich bereit, in den nächsten zehn bis fünfzehn Minuten vollkommen in der Gegenwart zu leben, ohne Erwartungen oder Vor-Urteile?« Wenn die Antwort, die aus dem Herzen kommt, nein ist, dann werfen Sie die Kugel einfach weg und holen Sie sich, falls Sie es wünschen, Ihr Problem aus der Erde zurück. Antworten Sie mit Ihrem Herzen jedoch ja, dann nehmen Sie die Kugel und drücken Sie sie in Ihren Körper, an den Punkt, wo sich Ihr Zentrum befindet. Dieser Akt repräsentiert Ihren Eintritt in den kristallinen Zustand. Spüren Sie, wie sich die Kugel in Ihrem Inneren ausdehnt, bis sie Ihr ganzes Sein erfüllt.

Sie sind jetzt im kristallinen Zustand: Stehen Sie auf, gehen Sie umher und erleben Sie vertraute Dinge auf neue Weise – einen Stuhl, einen Tisch, ein Bild, eine Blume, einen Baum. Gehen Sie an jede Erfahrung ohne Erwartung oder Vor-Urteil heran. Treten Sie vor einen Spiegel und betrachten Sie sich aus der unerhörten Klarheit des gegenwärtigen Augenblicks. Vielleicht können Sie es einrichten, in diesem Zustand mit einem Freund, einem geliebten Menschen oder einem Fremden zusammenzutreffen. Wenn ja, brauchen Ihre äußere Erscheinung und Ihre Handlungen nichts Außergewöhnliches an sich zu haben; der kristalline Zustand zeichnet sich durch *angemessene Handlungen* aus, und es ist angemessen, einem anderen Menschen entspannt und natürlich gegenüberzutreten. Ihr eigenes Erleben während dieser Begegnung wird jedoch vermutlich verwandelt sein, und diese Verwandlung wird sich höchstwahrscheinlich in der Erfahrung des Wesens der Beziehung äußern.

Wann immer Sie es wünschen, können Sie zu dem Zustand der Erwartungen und Vor-Urteile zurückkehren. Denken Sie daran, daß Ihr dringendes persönliches Problem immer noch in der Erde darauf wartet, daß Sie es wieder hervorholen und in Ihr Bewußtsein heben, falls Sie dies wollen. Ich habe zehn oder fünfzehn Minuten als angemessene Zeitspanne für Ihren ersten Versuch mit dem kristallinen Zustand bezeichnet, aber Sie können auch länger darin verweilen, falls Sie es wünschen.

Der kristalline Zustand ist eine *alternative* Weise des Seins. Ihn anzubieten, bedeutet nicht, andere Formen zu entwerten. Das Entscheidende ist, daß die Fähigkeit, nach Wunsch in den kristallinen Zustand überzugehen – mit der Zeit ohne das hier beschriebene, ziemlich aufwendige Ritual –, ein erfüllteres, faszinierenderes und menschlicheres Leben ermöglicht.

Kristalline Übungen

Der kristalline Zustand gewährt eine vorübergehende Befreiung von den Fesseln des Ich und eröffnet dadurch die Möglichkeit, die wesenhafte Verbundenheit alles Existierenden zu erleben, von der in diesem Buch die Rede war. Die folgenden Übungen basieren auf dieser Möglichkeit. Bevor Sie damit beginnen, vergewissern Sie sich, daß Sie im Gleichgewicht und zentriert sind. Dann versetzen Sie sich in den kristallinen Zustand und erhalten ihn während der Übung aufrecht. Analysen und Urteile sollten unterbleiben, bis die jeweilige Übung zu Ende ist. Denken Sie daran, daß *Sie* die Autorität für Ihre eigenen Erfahrungen sind.

Radar. Wählen Sie etwas Lebendiges oder ein anderes organisiertes Objekt, z. B. einen Baum. Strecken Sie Ihre linke Hand und Ihren Arm mit der Handfläche nach unten vor sich aus. Zeigen Sie damit in die allgemeine Richtung des Baumes, den Sie ausgewählt haben. Beschreiben Sie mit weichem Blick mit dem Arm einen Bogen, der den Baum einschließt. Versuchen Sie die Präsenz des Baumes aus der Ferne zu fühlen, wenn Ihr Arm über ihn hinweggleitet. Üben Sie dies mit weichem Blick, bis dieses Gefühl deutlicher geworden ist.

Schließen Sie jetzt die Augen und desorientieren Sie sich, indem Sie sich zuerst in der einen und dann in der anderen Richtung auf der Stelle drehen. Suchen Sie jetzt mit fest geschlossenen Augen den Baum, indem Sie sich mit ausgestrecktem linken Arm um Ihre eigene Achse drehen. Für eine volle Drehung sollten Sie etwa fünf oder sechs Sekunden benötigen. Wenn Sie die Präsenz des Baumes spüren, setzen Sie den Bogen der Bewegung über diese Stelle hinaus fort, kommen Sie dann wieder zurück und pendeln Sie sich auf die Stelle ein, indem Sie mit der Hand einen immer kleineren Bogen beschreiben. Wenn Sie in der Hand und im Arm das Gefühl haben, auf den Baum ausgerichtet zu sein, dann öffnen Sie die Augen. Fällen Sie kein Urteil über sich selbst, ob Ihre Hand auf das Ziel zeigt oder nicht. Nach den Gesetzen des kristallinen Zustands ist die Position Ihrer Hand weder gut noch schlecht. Sie *ist* einfach. Wiederholen Sie die Übung mehrmals von verschiedenen Standpunkten aus. Vergrößern Sie die Entfernung zu dem Baum. Stellen Sie sich so auf, daß Sie den Baum nicht sehen können, und versuchen Sie, ihn auf die beschriebene Weise zu finden.

Versuchen Sie jetzt dasselbe mit einem anderen Menschen. Wenn Sie ihn durch die Radarübung auffinden können, lassen Sie ihn seinen Standort wechseln, während Sie Ihre Augen geschlossen halten, und versuchen Sie dann, seine neue Position zu orten oder gar seiner Bewegung zu folgen. Vergrößern Sie die Entfernung. Versuchen Sie einen Freund zu orten, dessen Position für Sie nicht sichtbar ist.

Mit der beschriebenen Radartechnik sind viele verschiedene Übungen denkbar. Sie können beispielsweise in die Natur hinausgehen, in den Wald oder auf eine Wiese, und einfach nach »etwas Interessantem« suchen. Mit Hilfe dieser Übung haben Teilnehmer an meinen Workshops unter anderem Bienenschwärme, verborgene Quellen und alte Begräbnisstätten entdeckt. Eine andere Übung, die wir im Rahmen des Workshops durchführen, besteht darin, den magnetischen Nordpol zu suchen. Idealerweise sollte man dies im Freien an einem bedeckten Tag versuchen. Richten Sie zunächst Ihre Intentionalität auf die Vorstellung des magnetischen Nordpols und konzentrieren Sie sich etwa fünf Minuten lang darauf. Strecken Sie dann den linken Arm und die Hand mit der Fläche nach unten aus, und versuchen Sie, den magnetischen Nordpol zu finden. *Versuchen Sie nicht, ihn aufgrund anderer Anhaltspunkte zu finden.* Nehmen Sie einfach an, daß der magnetische Nordpol auf diesem Planeten ein Teil des Universums ist, das Sie selbst sind. Versuchen Sie diese Übung mehrere Male. Stellen Sie jedesmal fest, in welche Richtung Ihre Hand zeigt, ohne ein Urteil zu fällen.

Vergleichen Sie Ihr Ergebnis *nach* der Übung mit einem Kompaß.

Verbundenheit. In Anlehnung an die im sechsten Kapitel geschilderten Fernwahrnehmungsexperimente könnten Sie etwas Ähnliches als Übung, nicht als wissenschaftlichen Versuch, ausprobieren, und zwar mit Hilfe des kristallinen Zustands. Bei einer vereinfachten, informellen Version würde man nur drei Personen benötigen, die wir Anna, Thomas und Claudia nennen wollen und die folgendermaßen vorgehen:

Zu einer bestimmten Zeit, sagen wir um 10 Uhr morgens, finden sich Thomas und Anna in einem ruhigen Raum ein. Zur selben Zeit macht sich Claudia mit ihrem Auto von einem nahegelegenen Ort aus auf den Weg. Vor ihrer Fahrt trifft sie an diesem Morgen nicht mit Thomas und Anna zusammen, um auszuschließen, daß diese von ihr irgendwelche Fingerzeige erhalten, wo sie hinfährt. Claudia steuert irgendeinen maximal eine halbe Autostunde entfernten Zielpunkt an. Spätestens um 10 Uhr 30 hat sie das von ihr gewählte Ziel erreicht und das Auto verlassen. Genau um 10 Uhr 30 versetzt sie sich in den kristallinen Zustand und läßt in den nächsten zwanzig Minuten ihre Umgebung auf sich einwirken.

Thomas und Anna halten sich von 10 Uhr bis 10 Uhr 30 in dem Raum auf und entspannen sich, ohne miteinander zu sprechen. Um genau 10 Uhr 30 begibt sich Thomas in den kristallinen Zustand und konzentriert seine Intentionalität auf Claudia und das, was sie wahrnimmt. Anna versetzt sich nicht in den kristallinen Zustand, sondern beginnt Thomas zu fragen, was er sieht. (Erinnern Sie sich daran, daß weder Thomas noch Anna wissen, wo sich Claudia befindet.) Thomas beschreibt einfach seine Eindrücke. Er versucht nicht herauszubekommen, wo Claudia ist; er schildert einfach seine Eindrücke – einschließlich der Formen, Farben, Oberflächen, Strukturen –, ohne Urteile über die Qualität oder die Logik seiner Eindrücke zu fällen. Wenn er will, kann er auch Skizzen machen. Anna fährt fort, ihn behutsam zu fragen, ohne eigene Kommentare hinzuzufügen. Das Gespräch wird auf Band aufgenommen.

Nach Ablauf von zwanzig Minuten fährt Claudia zurück und trifft mit Thomas und Anna zusammen. Sie hört sich das Tonband an und sagt ihre Meinung dazu. Dann fahren alle drei an den Ort, den Claudia ausgewählt hatte. Später können die Rollen getauscht werden.

Es sei hervorgehoben, daß die hier geschilderte Übung nicht als wissenschaftlicher Versuch aufgebaut ist. Was auch immer dabei herauskommt, ist ohne wissenschaftliche Bedeutung; es erhebt keine derartigen Ansprüche. Diese Übung gibt Ihnen Gelegenheit, Ihr Gefühl der Verbundenheit mit anderen zu steigern.

Einfühlung. Zu dieser Übung brauchen Sie einen Partner. Sie und Ihr Partner sitzen einander in der Meditationsstellung oder auf Stühlen mit gerader Lehne gegenüber und zwar so nahe, daß sich ihre Knie berühren. Stellen Sie das Gleichgewicht her und zentrieren Sie sich. Sowohl Sie als auch Ihr Partner versetzen sich jetzt in den kristallinen Zustand. Legen Sie Ihre Hände mit den Handflächen nach oben auf Ihre Knie. Ihr Partner legt seine Hände mit den Handflächen nach unten in Ihre. Beide schließen die Augen.

Nehmen Sie jetzt an, daß Ihnen die körperlichen Zustände Ihres Partners in Ihrem tiefsten Inneren bekannt sind, ja daß Sie in *Ihrem* Körper jeden Zustand verspüren, den Ihr Partner empfindet. Fühlen Sie sich einige Minuten lang in den Zustand Ihres Partners ein. Sollten Sie dann beispielsweise eine Verspannung in Ihrem eigenen Nacken spüren, sagen Sie zu Ihrem Partner: »Dein Nacken ist verspannt. Versuche ihn zu lockern.« Fühlen Sie sich weiter in ihn ein. Wenn Sie spüren, wie sich Ihr Nacken entspannt, sagen Sie zu ihm: »Gut, dein Nacken entspannt sich jetzt.« Fühlen Sie sich in ihn ein, indem Sie Ihren eigenen Körper nach ungewöhnlichen Empfindungen absuchen. Teilen Sie Ihrem Partner alles mit, was Sie verspüren, als handle es sich um Zustände seines Körpers.

Nachdem alle möglichen Korrekturen vorgenommen wurden, beginnen Sie auf positive Veränderungen hinzuarbeiten und im Körper Ihres Partners ein Gefühl gesteigerter Lebendigkeit und Bewußtheit hervorzurufen. Lassen Sie sich dabei wieder von Gefühlen Ihres eigenen Körpers leiten, z. B.: »Dein Kopf ist voll Leben und Energie, aber diese Lebendigkeit scheint im Hals zu enden, so daß sich dein Körper ziemlich taub anfühlt. Versuche einmal, die Energie aus dem Kopf in deinen Körper hinunterströmen zu lassen.« Fühlen Sie sich weiter in ihn ein. Wenn Sie eine Veränderung in Ihrem Körper verspüren, teilen Sie sie Ihrem Partner als Veränderung in seinem

Körper mit. »Gut. Jetzt ist die Energie durch den Hals hinunter bis zu deinem Herzen geströmt. Versuche, sie noch weiter fließen zu lassen, bis sie deinen ganzen Körper erfüllt.« Setzen Sie diese Anweisungen fort, bis sich Ihr eigener Körper entspannt, lebendig und warm fühlt. Kehren Sie jetzt beide aus dem kristallinen Zustand zurück und vergleichen Sie Ihre Eindrücke. Welche Ihrer Kommentare waren zutreffend? Welche Anweisungen waren sinnvoll und hilfreich? Tauschen Sie jetzt die Rollen und wiederholen Sie die Übung.

Gefühle für andere. Bei dieser Übung werden die bisher erlernten Techniken auf einen breiteren sozialen Kontext angewandt. Suchen Sie sich in einer neueren Zeitung oder Zeitschrift oder in einem Buch ein Bild eines Menschen aus einem ganz anderen Milieu, beispielsweise einen afrikanischen oder indischen Dorfbewohner, der vom Hungertod bedroht ist. Bringen Sie soviel wie möglich über die Situation des Dorfbewohners in Erfahrung. Lesen Sie wenn möglich nicht nur den Artikel, dem dieses Bild entnommen ist, sondern auch weitere Artikel und Bücher, die das Thema von verschiedenen Standpunkten aus behandeln. Machen Sie sich auf der kognitiven Ebene die Komplexität der Situation bewußt. Überlegen Sie, in welcher Weise die Not dieses einen Dorfbewohners mit politischen, sozialen, technologischen und wirtschaftlichen Fragen zusammenhängt, die den ganzen Erdball betreffen.

Wenn Sie sich so gut wie möglich informiert haben, wählen Sie einen Zeitpunkt, an dem Sie allein und ungestört sind, und versetzen Sie sich in den kristallinen Zustand. Dies bedeutet, vorübergehend einen alternativen Weg des Seins und Wissens zu beschreiten. Gehen Sie von der Annahme aus, daß der Dorfbewohner ein Teil des Universums ist, das Sie selbst sind, und daß Sie die

Möglichkeit haben, diesen Teil von sich unmittelbar zu erleben; das heißt, Sie können dieser Dorfbewohner *sein*. Nehmen Sie das Bild tief in sich auf und schließen Sie dann die Augen. Seien Sie bereit, Vergangenheit und Zukunft und Empfindungen wie Schuld oder Mitleid beiseite zu lassen. Akzeptieren Sie die Reinheit und Klarheit des gegenwärtigen Augenblicks, den lautlosen Pulsschlag, aus dem sich das Dasein entfaltet und in dem alle Dinge miteinander verbunden sind. Fühlen Sie sich in das Sein des Dorfbewohners ein. Erleben Sie die Existenz *als* dieser Dorfbewohner. Bleiben Sie mindestens eine halbe Stunde bei dieser Erfahrung, wenn Sie können.

Kehren Sie zu Ihrem normalen Bewußtseinszustand zurück. Verschmelzen Sie jetzt das, was Sie kognitiv gelernt haben, mit dem, was Sie im kristallinen Zustand *als* dieser Dorfbewohner erlebt haben. Beachten Sie, daß die beiden Zustände nicht im Widerspruch zueinander stehen, sondern einander ergänzen. Wie wirkt sich die neue Synthese auf Ihr Wissen und Ihre Einsicht bezüglich der Situation aus? Wie beeinflußt sie Ihre Einstellung gegenüber dem umfassenderen Problem, Ihre Bereitschaft, handelnd in die Welt einzugreifen?

Ein Synchronisierungsprozess

Dieser Prozeß soll als Beispiel für die Art von Großgruppenaktivitäten dienen, die bei Workshops für Energiebewußtsein eine Rolle spielen. Ziel dieser Workshops ist nicht nur die Verbesserung der menschlichen Kommunikation und Verbundenheit, sie vermitteln auch alternative Möglichkeiten, mit Konflikten und Streß umzugehen. Dieser spezielle Prozeß ist für Gruppen von zwanzig bis zweihundert Teilnehmern in Räumlichkeiten wie Hotel-

Ballsälen, Turnhallen oder großen Konferenzräumen geeignet. Bei diesen Workshops wurden auch zahlreiche andere Prozesse erprobt, manche mit Gruppen von bis zu tausend Menschen.*

Der Leiter beginnt diesen Prozeß mit der Aufforderung an die Teilnehmer, alle überflüssigen Dinge vom Boden zu entfernen und sich dann im Raum verteilt mit dem Gesicht zu ihm aufzustellen, und zwar so, daß sich jeder mit ausgestreckten Armen um die eigene Achse drehen kann, ohne jemand anderen zu berühren. Die Teilnehmer stellen nunmehr ihr Gleichgewicht her, zentrieren sich und lassen ihren Blick weich werden. Dann werden sie aufgefordert, sich rasch und beliebig durch den Raum zu bewegen. Der weiche Blick macht es möglich, auch ziemlich schnell umherzugehen, ohne mit jemandem zusammenzustoßen.

Wenn die Gruppe gründlich gemischt ist, fordert der Leiter alle auf, stehenzubleiben, die Augen zu schließen und ihr Gleichgewicht und ihre Zentrierung wieder zu überprüfen. »Irgendwo im Raum«, sagt er, »ist ein Partner für Sie, mit dem Sie bei diesem Prozeß gut zusammenarbeiten können. Strecken Sie Ihre Hände aus und drehen Sie sich mit geschlossenen Augen, bis Sie spüren, in welcher Richtung sich Ihr Partner befindet. Gehen Sie langsam mit geschlossenen Augen in diese Richtung; tasten Sie sich mit den Händen voran, bis Sie einen Partner finden. Fassen Sie Ihren Partner bei den Händen, ohne die Augen zu öffnen, und lernen Sie ihn kennen, indem Sie leichte Körperbewegungen vollführen. Sie werden diese Bewegungen durch die Hände spüren. Was

* Falls Sie nähere Informationen über Workshops für Energiebewußtsein wünschen, schreiben Sie an George Leonard, P. O. Box 509, Mill Valley, Calif. 94941.

erfahren Sie allein durch diese Bewegungen über die Körperrhythmik Ihres Partners?«

Bei so großen Gruppen gelingt es meist einigen Leuten nicht, mit geschlossenen Augen einen Partner zu finden. Der Leiter oder seine Assistenten helfen diesen Leuten, zueinanderzufinden.

»Ich werde jetzt gleich in die Hände klatschen«, fährt der Leiter fort. »Wenn ich das tue, öffnen Sie die Augen und schließen Sie sie sofort wieder. Machen Sie quasi einen Schnappschuß von Ihrem Partner, bei dem Sie nur die wesentlichsten Züge seines Gesichts und seiner Gestalt wahrnehmen. Lassen Sie dieses Bild, diesen wesentlichen Eindruck in Ihnen zerfließen. Lassen Sie es zu einem Teil von Ihnen werden.«

Zwei oder drei Minuten später fährt der Leiter fort: »Öffnen Sie jetzt die Augen und sehen Sie sich mit weichem Blick an, was wir Ihnen hier vorführen.« Er geht mit einem Assistenten oder einem der Teilnehmer im Gleichschritt, Schulter an Schulter mit untergehakten Armen im Raum herum. »Gehen Sie so mit Ihrem Partner, als ob Sie beide ein einziger Organismus wären. Weicher Blick. Gehen Sie, bis Ihre Bewegungen völlig synchronisiert sind.«

Etwa fünf Minuten oder länger gehen die Paare im Raum umher. Der Leiter erinnert sie daran, sich mit ihrem Partner als *ein* physischer Organismus zu betrachten. Dann gibt er jedem Paar ein bedrucktes Blatt Papier und fordert sie auf, sich am Rande des Saales zu verteilen und mit dem Gesicht zur Wand hinzusetzen, jedes Paar eng zusammen. Er ersucht sie nun, den Text gemeinsam laut abzulesen und ihre Worte dabei genau mit den Worten ihres Partners zu synchronisieren (aber nicht mit den Worten der anderen Paare). Der Text kann ein Auszug aus jedem einigermaßen rhythmischen Prosawerk sein.

Die Teilnehmer sollen weniger auf die Bedeutung als auf den Rhythmus achten und sich dabei wieder mit ihrem Partner als eins betrachten. Wenn sie ans Ende der Seite gekommen sind, sollen sie nochmals von vorn beginnen.

Bald ist der Raum von einem angenehmen Summen erfüllt, da jedes Paar in einem anderen Tempo und Rhythmus liest. In diesem Stadium des Prozesses synchronisiert sich die Atmung der meisten Paare und vielleicht auch der Herzschlag und die Hirnströme.

Nach fünf bis zehn Minuten ersucht der Leiter die Paare, ihre Blätter aus der Hand zu legen und den synchronisierten Spaziergang wieder aufzunehmen. Dieser Zyklus – Gehen-Lesen, Gehen-Lesen – wird noch zweimal wiederholt, und danach sitzen sich die Partner so gegenüber, daß sich ihre Knie berühren. Jedes Paar formt dann eine einzige große Kristallkugel zwischen sich; vier Hände pulsieren um die Kugel. Der Leiter erinnert sie an die Besonderheiten des kristallinen Zustands. Er bittet die Teilnehmer, ihren Blick auf den Mittelpunkt der Kugel zu fixieren und diese dann in Augenhöhe zu heben.

»Bitte fixieren Sie weiterhin den Mittelpunkt der Kugel«, sagt der Leiter. »Das hat zur Folge, daß das Gesicht Ihres Partners unscharf erscheint. Bemühen Sie sich, so gut Sie können, den Mittelpunkt der Kugel im Fokus zu behalten . . . Die Kristallkugel hat noch eine Eigenschaft, über die wir noch nicht gesprochen haben. Nur eine einzige Frequenz löst eine Resonanz in ihr aus. In diesem Fall wollen wir annehmen, daß es eine Resonanzschwingung ist, welche Ihnen beiden gemeinsam ist, eine Schlüsselfrequenz dieses neu entstandenen vereinten Organismus. Wenn ich in die Hände klatsche, bitte ich Sie, Ihrem Partner durch die Kristallkugel hindurch direkt in die Augen zu schauen. Ihr Blick trifft sich durch die Kugel auf einer einzigen, klaren, resonanten Frequenz.«

Der Leiter klatscht in die Hände, und die Partner schauen sich etwa fünf Minuten lang direkt in die Augen. Dann fordert sie der Leiter auf, die Kristallkugel mit ihren Händen zu zerdrücken und sich, nunmehr im kristallinen Zustand, zu erheben.

»Ich werde Sie jetzt bitten, sich vorübergehend von Ihrem Partner zu verabschieden. Obwohl Sie physisch getrennt sein werden, bleibt eine bedeutsame Verbundenheit zwischen Ihnen bestehen. Wir gehen dabei von der Annahme aus, daß Sie immer genau wissen werden, wo Ihr Partner ist. Wie am Anfang dieses Prozesses werde ich Sie jetzt wieder bitten, mit sanftem Blick beliebig im Raum umherzugehen. Wenn ich dann in die Hände klatsche, bleiben Sie stehen, strecken die Hände aus, drehen sich auf der Stelle und versuchen zu spüren, wo sich Ihr Partner befindet. Halten Sie nicht nach Ihrem Partner Ausschau. Der Blick bleibt weich. Wenn Sie die Anwesenheit Ihres Partners durch Ihre Hände gespürt haben, drehen Sie sich genau in seine Richtung und bleiben Sie mit dem Gesicht zu ihm stehen, so weit er auch im Raum von Ihnen entfernt sein mag.«

Die Teilnehmer gehen wieder im Raum umher. Wenn der Leiter den Eindruck hat, daß die Gruppe gründlich durchgemischt ist, klatscht er in die Hände, die Teilnehmer bleiben stehen, drehen sich auf der Stelle und wenden sich ihren Partnern zu. Dies wird, als Vorübung für das Kommende, mit dem sogenannten weichen Blick gemacht. Die Teilnehmer werden dann aufgefordert, den Vorgang mit nur leicht geöffneten Augen zu wiederholen, so daß sie nur die Füße der Personen in ihrer Nähe sehen können. Auch dies wird wiederholt.

Schließlich werden sie angewiesen, mit kaum geöffneten Augen umherzugehen und die Augen dann beim Händeklatschen des Leiters ganz zu schließen. Die jeweiligen Partner werden diesmal mit völlig geschlossenen Augen nach der oben beschriebenen Radarmethode gesucht. Sobald die Teilnehmer ihre Partner angepeilt haben, fordert sie der Leiter auf, die Augen zu öffnen und nötigenfalls ihre Ausrichtung zu korrigieren. Diese Übung mit geschlossenen Augen wird mehrmals wiederholt. Dann setzt sich die Gruppe in lockerer Runde zusammen, um zwanglos über das Erlebte zu sprechen.

Ein kurzer Kommentar

So außerordentlich auch die bei solchen Prozessen erzielten Resultate sein mögen, der Sinn dieser Arbeit besteht letzten Endes nicht darin, spektakuläre neue Fähigkeiten zu demonstrieren, sondern Harmonie und Gerechtigkeit in der Welt zu bestärken. Die menschlichen Fähigkeiten sind offenkundig viel größer, als wir im allgemeinen annehmen. Wenn wir uns einiger dieser Fähigkeiten bewußt zu werden beginnen, dringen wir in faszinierende Bereiche voll besonderer Möglichkeiten und Gefahren vor. Langfristig wird nicht bloß das zählen, was wir lernen *zu tun,* sondern das, was wir bereit sind *zu sein.* Auch das erregendste Abenteuer lohnt die Teilnahme nur, wenn es unsere Welt irgendwann und irgendwie voranbringt.

Danksagung

Die Anregung für dieses wie auch für mein vorangegangenes Buch stammt von Leo Litwak; ich danke ihm für seine Unterstützung und Freundschaft. Susan Trott Mitchell stand mir mit wertvollen Ratschlägen und mit Ermutigung bei. Michael Murphy erleichterte mir meine Erkundungen wie immer durch seinen außergewöhnlichen Enthusiasmus.

Mein Dank gilt Carter Brandon für seine großzügige Hilfe bei den Recherchen, Saul-Paul Sirag für die Erläuterung der Quantentheorie und Karl Pribram für seine Darlegungen über Gehirn und Sinnesorgane. Außerdem danke ich John und Julia Poppy, Brendan O'Regan, Sterling Lord und meinen Aikido-Mitarbeitern Richard Heckler und Wendy Palmer.

Auch den zahlreichen Teilnehmern meiner Seminare verdanke ich sehr viel, insbesondere den Schülern des Aikido-Workshops in Tamalpais, Mill Valley, Kalifornien. Ihre engagierte Teilnahme hat viel zur Entwicklung und Vervollkommnung der Übungen beigetragen, die im Anhang beschrieben werden.

Schließlich möchte ich meine tiefe Dankbarkeit gegenüber meinem Lektor Bill Whitehead für sein tiefes Verständnis, sein großes Interesse und seinen persönlichen Einsatz für dieses Buch zum Ausdruck bringen.